物理学概論

——高校物理から大学物理への橋渡し——

［熱・波・電磁気・原子編］

近藤 康・新居 毅人 著

学術図書出版社

はしがき

　姉妹書『物理学概論 — 高校物理から大学物理への橋渡し — [力学編]』では，ニュートン力学を題材にして

　　　数学を用いて考える方法を学ぶ

ことを主な目的としました．本書では，[力学編] で養った数学的な思考力を様々な対象に応用することを目指します．その対象は，マクロな物理学の熱力学からミクロな物理学の原子物理学や素粒子物理学まで広範囲に渡ります．このような様々な対象について考えるためには思考力だけでなく，それらに関する知識も必要です．そこで，本書では，

　　　様々な物理現象の知識を得る^{注1}

ことに主目的をおき，2021 年現在高校で扱われている内容すべてを^{注2} 扱っています．ただし，様々な物理現象の知識を得ることが目的ですが，単に覚えることを求めるのではなく，できるだけ論理的な不備がないように注意しました．たとえば，多くの教科書ではラザフォード散乱の実験の説明で，「ヘリウムの原子核であるアルファー線を金箔に照射して，.... 金の原子が原子核と電子から構成されていることがわかった．」と書いてあります．何か変ではありませんか？　実験当時，アルファー線がヘリウムの原子核であることはわかっていたのでしょうか？

　[力学編] と本書で物理学全般を学んでほしいとは思いますが，半年間で本書で取り上げた内容のすべてを十分吟味しながら勉強することは難しそうです．量が多すぎます^{注3}．そこで，内容を

- ♡：特に著者が重要だと考える節^{注4}
- ◇：是非勉強してほしい節^{注4}
- 無印：大学らしい内容の節
- ♠：発展的な内容の節

の 4 種類に分類しました．また，理解を深めるために，多くの例題と章末問題を取り上げました．章末問題の解答は以下のホームページ

　　https://www.gakujutsu.co.jp/text/isbn978-4-7806-0863-2/

に公開しますので，参考にしてください．

　各章末のコラム^{注5}は，姉妹書と同様に著者のいろいろな思いを徒然なるままに書いています．是非読んでください．

注1　[力学編] と本書を勉強すれば，多くの理工学系の学生にとって十分な物理学全般の知識を得ることができます．

注2　高校物理と大学物理の橋渡しという観点からです．

注3　索引語の数の多さからも明らかです．

注4　♡ と ◇ の節を合わせると高校で勉強する内容になります．

注5　もっとも時間をかけて書いた部分かもしれません．

目　　次

1

熱力学

　熱力学では，分子や原子が集団になったときの振る舞いを取り扱う．この集団の持つ自由度は非常に大きい．しかしながら，その自由度すべての情報を知らなくても，様々な現象を説明することができる．分子や原子のミクロな世界と人間の住むマクロな世界をつなぐ学問が，熱力学である．

1.1　熱と温度♡

　物体は原子や分子などのミクロな粒子が多数集まってできている．これらのミクロな粒子は無秩序な運動をしている．この運動のことを**熱運動**という．この熱運動は**ブラウン運動**[注1]を観察することによって，その存在を確かめることができる．

　ブラウン運動そのものは原子や分子に比べて遙かに大きくて顕微鏡で見ることができる微粒子の運動であり，熱運動とは異なっている．この微粒子には周囲の熱運動している原子や分子が衝突している．ブラウン運動している粒子は小さいので，原子や分子の衝突による，ある短い時間の力積の平均がゼロにならないことがある[注2]．そのために微粒子は不規則に運動する．

　温度は熱運動の激しさを表す尺度である．通常使われる温度尺度は**セルシウス温度（セ氏温度）**であり，1.013×10^5 Pa の圧力[注3]の下で氷が融解する温度を 0，水が沸騰する温度を 100 とする．また，その単位は °C を用いる．温度が熱運動の激しさの尺度であるという観点から，**絶対温度**を用いると便利なことが多い．この温度尺度では，熱運動がゼロになる温度を 0（**絶対零度**）とし，目盛りの間隔はセルシウス温度と同じにとる．単位は**ケルビン**（記号 K）を用いる．絶対温度 T〔K〕とセルシウス温度 t〔°C〕の間には

$$\frac{T}{K} = \frac{t}{°C} + 273 \tag{1.1}$$

の関係がある[注4,5]．

　異なった温度の二つの物体が接触すると，やがて二つの物体の温度は同じになる．このとき，これらの物体は**熱平衡**状態にあるという．また，接触面を通じて熱運動のエネルギー（**熱**という）が温度の高い物体から低い物体に

図1.1　ブラウン運動

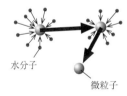

水分子

微粒子

図1.2　ブラウン運動の原理

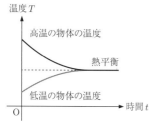

図1.3 異なる温度の物体が接触した際の温度の変化.

注7 物体の素材に着目する場合には，物質と呼ぶことが多い.

移動する．この熱の移動は，ミクロに見ると原子や分子の衝突を通じた運動エネルギー注6 の移動である．その移動する熱の量を**熱量**と言い，単位としてジュール（記号 J）を用いる．後述するように，熱もエネルギーの一種なので，単位は J を用いる.

1.2 物質の三態

物質注7 は通常その温度に応じて固体，液体，気体の状態になり，これを**物質の三態**という．物質の三態は，物質を構成する原子や分子の位置とその距離によって理解することができる.

1. 固体

原子や分子の構成粒子が定まった位置を中心に熱運動をしている.

2. 液体

構成粒子が定まった位置を離れて，動き出している．ただし，構成粒子間の間隔は固体の場合とあまり変わらない.

3. 気体

構成粒子が自由に飛び回っている．構成粒子間の距離は固体や液体の場合に比べて大きい.

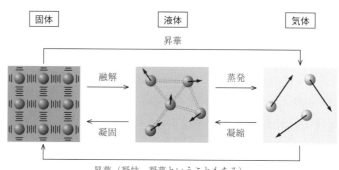

注8 ドライアイスのように，液体の状態を経ずに直接，固体から気体に，あるいは気体から固体に状態変化することを**昇華**という.

図1.4 物質の三態と構成粒子の熱運動状態注8.

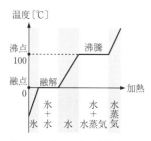

図1.5 水の温度と状態変化.

氷を加熱して水にする場合，氷と水が共存している間温度は一定に保たれる．この温度を**融点**と言い，水の場合は1気圧で0℃である．温度が一定なのは，結合状態（構成粒子が定まった位置にある状態）を弱めるために熱が使われるためである．この融解に必要な熱を**融解熱**という．同様に液体から気体に状態変化する場合には，構成粒子の結合を断ち切るためにエネルギー（熱）が必要であり，この熱を**気化熱**という．また，液体と気体が共存する場合にも温度は一定に保たれ，その温度を**沸点**という．融解熱や気化熱

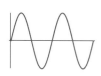

のように状態を変化させるために使われる熱を**潜熱**[注9]という. 物質 1 g あたりの値[注10]で示されることが多く, 単位は**ジュール毎グラム**（記号 J/g）が用いられる.

注9 潜熱は温度という「目に見える」変化を起こさないので, 隠れた熱という意味で「潜」の漢字が使われる.

注10 国際単位系では質量の単位は kg であるが, 熱を扱う際は g を質量の単位として用いることが多い.

1.3 　比熱と熱容量 ♡ ────────●

物体の温度を 1 K 変化させるために必要な熱量を, その物体の**熱容量**という. 単位は**ジュール毎ケルビン**（記号 J/K）である. 一方, ある物質 1 g の温度を 1 K 変化させるために必要な熱量を, その物質の**比熱**という. 単位は**ジュール毎グラム毎ケルビン**（記号 J/(g·K)）である.

質量 m〔g〕で比熱が c〔J/(g·K)〕の物体の熱容量 C〔J/K〕は

$$C = mc \tag{1.2}$$

である. そして, この物体を温度 ΔT〔K〕だけ変化させるために必要な熱量 Q〔J〕は以下の通りである.

$$Q = C\Delta T = mc\Delta T \tag{1.3}$$

例題 1.1 　質量 3.0×10^2 g の銅製の容器に質量 3.0×10 g の水が入っている. 全体の熱容量を求めよ. また, 全体の温度が 20 °C のとき, 80 °C まで温度をあげるために必要な熱量はいくらか？ 　銅と水の比熱はそれぞれ 0.38 J/(g·K) と 4.2 J/(g·K) である.

解 熱容量 C は

$$C = \{0.38 \ \text{J/(g·K)}\} \cdot 3.0 \times 10^2 \ \text{g} + \{4.2 \ \text{J/(g·K)}\} \cdot 3.0 \times 10 \ \text{g}$$

$$= (1.14 \times 10^2 \ \text{J/K}) + (1.26 \times 10^2 \ \text{J/K}) = 2.4 \times 10^2 \ \text{J/K}$$

となる. 温度差は 60 °C なので, 必要な熱量は以下の通りである.

$$Q = (2.4 \times 10^2 \ \text{J/K}) \cdot 60 \ \text{K} = 1.4 \times 10^4 \ \text{J}$$

外界から孤立した系[注11]では, その系の持つエネルギーの総和は変化しない. 仮に, 熱エネルギーと他のエネルギー形態との変換（たとえば, 熱が光に変換されるなど）が行われなければ, 熱の総和は変化しないことになる. これは, 一般に, 「いくつかの物体の間で熱の出入りがあるとき, 高温の物体が失った熱量の和と低温の物体が得た熱量の和は等しい」と言い換えることができ, **熱量の保存則**という.

注11 銅製の容器とそれに入った水のように, 「相互に影響を及ぼしあう要素から構成されるまとまり」を系と呼ぶ.

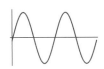

例題 1.2　比熱 $c_1 \, [\mathrm{J/(g \cdot K)}]$，質量 $m_1 \, [\mathrm{g}]$，温度 $T_1 \, [\mathrm{K}]$ の物体1と比熱 $c_2 \, [\mathrm{J/(g \cdot K)}]$，質量 $m_2 \, [\mathrm{g}]$，温度 $T_2 \, [\mathrm{K}]$ の物体2を接触させると，しばらくして熱平衡状態になり，両物体の温度は $T \, [\mathrm{K}]$ になった．温度 T を求めよ．ただし，$T_1 > T_2$ とする．

解 1　高温の物体が失った熱は低温の物体が得た熱と等しいという観点から式を立てると，

$$m_1 c_1 (T_1 - T) = m_2 c_2 (T - T_2)$$

となる．T を求めると，以下の通りである．

$$T = \frac{m_1 c_1 T_1 + m_2 c_2 T_2}{m_1 c_1 + m_2 c_2}$$

解 2　熱量の総和は変化しないという観点から式を立てると，

$$m_1 c_1 T_1 + m_2 c_2 T_2 = (m_1 c_1 + m_2 c_2) T$$

となる．もちろん，同じ結果が得られる[注12]．

注 12　高温の物体はどちら？ と意識する必要がないので，解答2の方がわかりやすいだろう．

1.4　熱膨張 ◇

　通常の物体は温度が上昇すると熱運動が激しくなり，構成粒子間の平均距離が大きくなる．すなわち，膨張する．この現象を物体の**熱膨張**という．

　温度変化に伴う固体の長さ変化のことを**線膨張**といい，$t_0 \, [\mathrm{^\circ C}]$ における長さを $l_0 \, [\mathrm{m}]$ とすると，$t \, [\mathrm{^\circ C}]$ における長さ $l \, [\mathrm{m}]$ は

$$l = l_0 \left(1 + \alpha(t - t_0) \right) \tag{1.4}$$

注 13　線膨張係数と呼ばれることもある．

と近似することができる．ここで，α は**線膨張率**[注13]と呼ばれ，物質固有の値を持つ．単位は**毎ケルビン**（記号 $\mathrm{K^{-1}}$）である．

　一方，温度変化に伴う固体の体積変化のことを**体膨張**という．ここでは，基準の温度として，$0 \, \mathrm{^\circ C}$ を考え，その温度における体積を $V_0 \, [\mathrm{m^3}]$ とする．$t \, [\mathrm{^\circ C}]$ における体積 $V \, [\mathrm{m^3}]$ は

$$V = V_0 (1 + \beta t) \tag{1.5}$$

注 14　どの方向にも同じ割合で線膨張する場合，立方体を考えると $V = (l_0(1 + \alpha t))^3 \approx l_0{}^3 (1 + 3\alpha t)$ となるので，$\beta = 3\alpha$ である．

と近似することができる[注14]．ここで，β は**体膨張率**と呼ばれ，物質固有の値を持つ．単位は**毎ケルビン**（記号 $\mathrm{K^{-1}}$）である．

例題**1.3** ある鉄製のレールは，$2.0 \times 10\,^{\circ}\mathrm{C}$ のときの長さ $2.5 \times 10\,\mathrm{m}$ であった．レールの温度が $5.0 \times 10\,^{\circ}\mathrm{C}$ になったときのレールの伸びはいくらか？ ただし，鉄の線膨張率を $1.18 \times 10^{-5}\,\mathrm{K}^{-1}$ とする．

解 $2.0 \times 10\,^{\circ}\mathrm{C}$ のときの長さを l_0，$5.0 \times 10\,^{\circ}\mathrm{C}$ になったときの長さを l とすると，伸び $\Delta l\,\mathrm{[m]}$ は以下の通りである．

$$\begin{aligned}
\Delta l = l - l_0 &= l_0 \alpha \Delta T \\
&= (2.5 \times 10\,\mathrm{m}) \cdot (1.18 \times 10^{-5}\,\mathrm{K}^{-1}) \cdot (5.0 \times 10^{\circ}\mathrm{C} - 2.0 \times 10^{\circ}\mathrm{C}) \\
&= 8.9 \times 10^{-3}\,\mathrm{m}
\end{aligned}$$

1.5 エネルギーとしての熱$^\heartsuit$

木と木をこすり合わせて火をおこすことができるように，仕事を熱に変換することができる．ジュールは図 1.6 のような装置を用いて，エネルギーと熱が等価であることを示した．歴史的には，熱には cal（カロリー）という単位，エネルギーには J（ジュール）という単位が使われていた．ジュールが行ったのは J を単位とするエネルギーを cal を単位とする熱に変換すると，得られた熱と失われたエネルギーの間には比例関係があるというものであった[注15]．これは言い換えると熱とエネルギーが等価であることを示している．

物体の持つ熱運動による運動エネルギーや分子や原子間にはたらく力に関係した位置エネルギーの総和を，物体の**内部エネルギー**という[注16]．物体の内部エネルギーは，その物体に仕事を与えたり熱を加えたりすることによって変化させることができる．言い換えると，**物体に外部から与えられた熱量** Q **と，物体が外部からされた仕事** W **の和は，物体の内部エネルギーの変化** ΔU **になる**[注17]，すなわち，

$$\Delta U = Q + W \tag{1.6}$$

という，**熱力学の第一法則**にまとめられる．式 (1.6) は，エネルギー保存の法則を熱や内部エネルギーに適用したものである．

例題**1.4** 以下の計算を行え．

(1) $1.0\,\mathrm{J}$ の仕事をされ，$2.0\,\mathrm{J}$ の熱を与えられた気体の内部エネルギーはどれだけ増加するか？

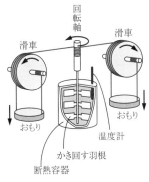

図 1.6 ジュールの実験．おもりの位置エネルギーによって，水をかき回して温度を上昇させる．上昇した温度から熱（cal を単位とする）を計算し，おもりの位置の変化から失った位置エネルギー（J を単位とする）を求める．そして，両者を比較した．

注 15 この比例係数は熱の仕事当量と言われていた．今 cal という単位は物理学では使わない．

注 16 内部エネルギーと呼ばれるのは，内在していて一見したところエネルギーを持っていることがわからないからである．

注 17 このように様々な現象においてエネルギー保存が観察されたので，エネルギー保存の法則が信じられていると言った方が良いかもしれない．物理学が実験科学であることを示している．

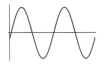

(2) 1.0 J の仕事をし，2.0 J の熱を与えられた気体の内部エネルギーはどれだけ増加するか？

(3) 内部エネルギーの増加が 3.0 J で，2.0 J の熱を与えられた気体がされた仕事はいくらか？

(4) 内部エネルギーの増加が 3.0 J で，2.0 J の熱を与えられた気体がした仕事はいくらか？

(5) 内部エネルギーの増加が 3.0 J で，2.0 J の仕事をした気体が与えられた熱はいくらか？

解 (1)　1.0 J + 2.0 J = 3.0 J.

(2)　−1.0 J + 2.0 J = 1.0 J.

(3)　3.0 J = W + 2.0 J より，気体がされた仕事 $W = 1.0$ J.

(4)　気体がされた仕事が 1.0 J なので，した仕事として換算すると −1.0 J の仕事をしたことになる.

(5)　3.0 J = −2.0 J + Q より，5.0 J の熱を与えられた.

1.6　気体の圧力 ♡ ━━━━━━━━━━━━━━━●

　気体を容器に閉じ込めると気体は壁に力を及ぼす．単位面積あたりのこの力を**気体の圧力**という．**容器内の気体の圧力は，面に対して常に垂直にはたらき，その大きさは容器内のどの部分においても等しい.**

　地球の大気は，大気中の物体に圧力（**大気圧**）を及ぼす．大気圧は図 1.7 のような装置によって測定することが可能で，その大きさはおおよそ高さ 76 cm の水銀柱によって生じる圧力[注18] と同じである．

注 18　地表の大気圧の大きさを 1 気圧といい，1.01325×10^5 Pa である．

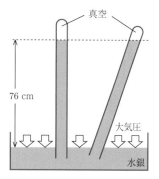

図 1.7　大気圧と水銀柱の高さ.

例題 1.5　図 1.7 のように，ガラス管に水銀を満たして，水銀を入れた容器に立てたところ，水銀柱の高さは 76 cm となった．このことより，大気圧のおおよその値を求めよ．なお，水銀の密度は 13.6 g/cm^3 である．

解　水銀の密度を ρ〔kg/m^3〕，水銀柱の高さを h〔m〕，水銀柱の断面積を S〔m^2〕とする．水銀の大気に触れている表面の圧力を p〔Pa〕とすると，

$$\rho g V = \rho g h S = p S$$

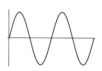

が成り立つ. ここで, $g\,[\mathrm{m/s^2}]$ は重力加速度である. したがって,

$$p = \rho g h = (1.36 \times 10^4\ \mathrm{kg/m^3}) \cdot (9.8\ \mathrm{m/s^2}) \cdot 0.76\ \mathrm{m}$$
$$= 1.0 \times 10^5\ \mathrm{Pa}$$

となる.

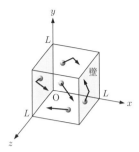

図 1.8　容器の中の分子の運動.

気体を容器に閉じ込めると気体を構成する分子(原子)は容器の壁と衝突を繰り返し, 壁に力を及ぼす. この衝突による力は小さいが, 分子は多数あるので単位時間単位面積に及ぼす力の大きさはマクロな大きさになる. 我々はそれを**気体の圧力**と呼ぶ. ミクロな観点からこのマクロな圧力を考えよう.

一辺の長さが $L\,[\mathrm{m}]$ の立方体の容器を考える. 各辺に沿って x, y, z 軸をとる. そこに質量 $m\,[\mathrm{kg}]$ の**単原子分子理想気体**分子が N 個入っているとしよう. これらの分子は常に一定の速さで飛んで壁と弾性衝突を行い, 気体分子同士の衝突は起こらないものとする.

i 番目の分子の時刻 $t = 0\,\mathrm{s}$ の速度を $\vec{v}_i = (v_{i,x}, v_{i,y}, v_{i,z})\,[\mathrm{m/s}]$, ただし $v_{i,x} > 0\,\mathrm{m/s}$ とする. この分子は, $\dfrac{2L}{v_{i,x}}\,[\mathrm{s}]$ ごとに x 軸に垂直な容器の壁(x 座標の大きい方)に衝突する. その際に与える力積は, $2mv_{i,x}$ である[注19]. この壁が $\Delta t\,[\mathrm{s}]$ 間にこの分子から受ける平均の力の大きさを $\bar{f}_i\,[\mathrm{N}]$ とすると,

$$\bar{f}_i \Delta t = 2mv_{i,x} \cdot \frac{\Delta t}{2L/v_{i,x}} \qquad \Rightarrow \qquad \bar{f}_i = \frac{mv_{i,x}{}^2}{L}$$

となる.

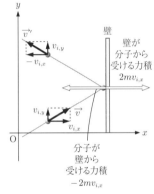

図 1.9　容器の中の分子の壁での衝突.

注 19　速度変化は x 軸方向のみなので, 力積は $2mv_{i,x}$ となる. 詳しくは[力学編]を参照のこと.

次に, N 個の分子から壁が受ける力の大きさ $F\,[\mathrm{N}]$ を考えよう. F は $\bar{f}_i$ を 1 番目の分子から N 番目まで足し合わせたものである.

$$F = \sum_{i=1}^{N} \bar{f}_i = \sum_{i=1}^{N} \frac{m\,v_{i,x}{}^2}{L} = N \frac{m\,\overline{v_x{}^2}}{L}$$

ただし, $\overline{v_x{}^2} = \dfrac{1}{N} \displaystyle\sum_{i=1}^{N} v_{i,x}{}^2$ は, 分子の x 軸方向の速度の平方の平均値である. この壁の受ける圧力 $p\,[\mathrm{Pa}]$ は

$$p = \frac{F}{L^2} = N \frac{m\,\overline{v_x{}^2}}{L^3} = N \frac{m\,\overline{v_x{}^2}}{V} \tag{1.7}$$

である. ここで, $V\,[\mathrm{m^3}]$ は L^3 で, この容器の体積である.

分子の運動に特別な方向はないはずである, 言い換えると, $\overline{v_x{}^2} = \overline{v_y{}^2} = \overline{v_z{}^2}$ が期待される. 一方, 分子の速度 $\vec{v}\,[\mathrm{m/s}]$ の平方の平均値 $\overline{v^2}\,[(\mathrm{m/s})^2]$ は,

$$\overline{v^2} = \overline{v_x{}^2} + \overline{v_y{}^2} + \overline{v_z{}^2} = 3\overline{v_x{}^2} = 3\overline{v_y{}^2} = 3\overline{v_z{}^2}$$

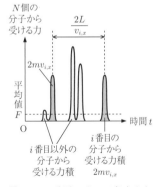

図 1.10　分子によって与えられる力積とその平均としての力.

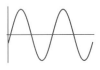

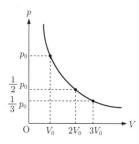

図 1.11　ボイルの法則.

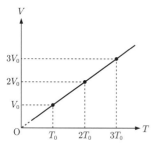

図 1.12　シャルルの法則.

注 20　2019 年より，アボガドロ定数は $6.02214076 \times 10^{23}$ mol^{-1} を定義値とするように国際単位系は変更された.

注 21　1 mol の気体の体積は近似的には気体の種類に依存しない.

注 22　$\propto$ は両辺が比例することを表す記号である.

である. したがって, 式 (1.7) より圧力 p は, 以下の式で表される.

$$p = N \frac{m \overline{v^2}}{3V} \tag{1.8}$$

1.7　気体の法則 ♡ ───────────●

　一定量の気体の温度 T〔K〕, 圧力 p〔Pa〕, そして体積 V〔m^3〕の間には以下の関係がある.

　1.　ボイルの法則 : T が一定

$$pV = 一定 \tag{1.9}$$

　2.　シャルルの法則 : p が一定

$$\frac{V}{T} = 一定 \tag{1.10}$$

　3.　ボイル・シャルルの法則

$$\frac{pV}{T} = 一定 \tag{1.11}$$

　原子や分子の量は, **モル** (記号 mol) を単位とした**物質量**で測ることが多い. 1 mol の中に含まれる原子または分子の数は, **アボガドロ定数** N_A〔mol^{-1}〕を用いて, $N_A \cdot 1$ mol $= 6.02 \times 10^{23}$ とする[注20]. **標準状態 (0 °C, 圧力 1 気圧)** における気体 1 mol の体積[注21]は 2.24×10^{-2} m^3 であることが知られている. これらの数値をボイル・シャルルの法則に適用すると,

$$\frac{pV}{T} \propto n$$

が得られる[注22]. ただし, n は気体の物質量である. ここで, この式の比例定数を**気体定数** R と呼ぶことにすると,

$$pV = nRT \tag{1.12}$$

が得られる. この式 (1.12) を**理想気体の状態方程式**という. $R = 8.31$〔J/(mol·K)〕となる.

　実在の気体では, 0 K に達する前に固化や液化してしまい, 低温では理想気体の状態方程式に従わない. しかしながら, 常温, 常圧の下では多くの気体を理想気体と近似することが可能である.

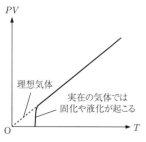

図 1.13　理想気体と実在気体.

　例題 1.6　ある気体について, 次のそれぞれの値を求めよ. ただし, 気体定数を 8.31 J/(mol·K) とせよ.

(1)　圧力 1.0×10^5 Pa, 温度 0 °C, 体積 2.24 L の気体の物質量はいくらか?　以下の問ではこの物質量を用いる.

(2) この気体の圧力を 1.0×10^5 Pa, 温度を 400 K にした. この気体の体積はいくらか？

(3) この気体の温度を 800 K, 体積を 1.12 L にした. この気体の圧力はいくらか？

(4) この気体の圧力を 5.0×10^4 Pa, 体積を 1.12 L にした. この気体の温度はいくらか？

解 (1) 標準状態で体積 2.24 L なので，2.24 L$/(22.4$ L$) = 1.00 \times 10^{-1}$ mol となる．ただし，圧力の有効桁が 2 桁なので物質量は 1.0×10^{-1} mol とする．以下は $pV = nRT$ に代入すれば良い.

(2) $(1.0 \times 10^5$ Pa$) \cdot V = 1.0 \times 10^{-1}$ mol $\cdot \{8.31$ J$/($mol$\cdot$K$)\} \cdot 400$ K より，$V = 3.3 \times 10^{-3}$ m^3.

(3) $p \cdot (1.12 \times 10^{-3}$ m$^3) = 1.0 \times 10^{-1}$ mol $\cdot \{8.31$ J$/($mol$\cdot$K$)\} \cdot 800$ K より，$p = 5.9 \times 10^5$ Pa.

(4) $(5.0 \times 10^4$ Pa$) \cdot (1.12 \times 10^{-3}$ m$^3) = (1.0 \times 10^{-1}$ mol$) \cdot \{8.31$ J$/($mol$\cdot$K$)\} \cdot T$ より，$T = 6.7 \times 10$ K.

理想気体の内部エネルギー U〔J〕はその圧力や体積に依存せず，気体の物質量と温度だけで決まる[注23]．単原子分子理想気体では $U = \dfrac{3}{2}nRT$，2 原子分子理想気体では $U = \dfrac{5}{2}nRT$ となる.

式 (1.8) をマクロな視点から見直そう．分子の個数 N を $N = nN_A$ と表そう．N_A はアボガドロ定数である．V を左辺に移すと，

$$pV = n\frac{N_A m \overline{v^2}}{3} \tag{1.13}$$

となる．一方，ここで考えている気体分子の平均の運動エネルギーは熱運動に由来するので，その平均値は温度 T に比例するはずである．状態方程式と比較すると，

$$\frac{N_A m \overline{v^2}}{3} = RT \tag{1.14}$$

となることがわかる．すなわち，気体定数 R は気体分子の平均の運動エネルギーを温度に結びつける定数であることがわかる．一方，

$$\sqrt{\overline{v^2}} = \sqrt{\frac{3RT}{N_A m}} \tag{1.15}$$

から，気体の原子や分子のおおよその速さを求めることができる．分子量は物質 1 分子の質量の統一原子質量単位（静止して基底状態にある自由な炭素

[注23] 理想気体では，分子間力による位置エネルギーはないものと仮定するためである.

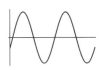

(^{12}C) 原子[注 24] の質量の 1/12) に対する比[注 25] である．したがって，気体
の種類（分子量）と温度がわかれば，その気体分子の飛んでいるおおよその
速さを求めることができる．また，

$$k_B = \frac{R}{N_A} = 1.38 \times 10^{-23} \text{ J/K}$$

をボルツマン定数[注 26] と呼ぶ．$k_B T$ は原子や分子 1 個が持つ熱運動のエネ
ルギーの大きさの程度を与える.

この単原子分子の熱運動のエネルギーが単原子分子理想気体の内部エネル
ギーである．単原子分子理想気体の場合には，並進運動以外の熱運動はない
ので，ここまで考えたことが適用でき，

$$U = \frac{1}{2}m\overline{v^2} \cdot nN_A = \frac{3}{2}nRT \tag{1.16}$$

となる．2 原子分子気体の場合に $U = \frac{5}{2}nRT$ となるのは，並進運動の運動
エネルギーだけでなく，回転の運動エネルギーも関与するからである[注 27].

例題 1.7 仮想的な分子量 M の単原子分子理想気体分子における平
均速度の大きさの程度を以下の手順で求めよ．M の定義に注意.

(1) 分子 1 個の質量を求めよ.

(2) 式 (1.15) に代入せよ.

解 (1) $m = M/N_A \times 10^{-3}$ kg である.

(2) $\sqrt{\overline{v^2}} = \sqrt{\dfrac{3RT}{M \cdot 10^{-3} \text{ kg}}}$

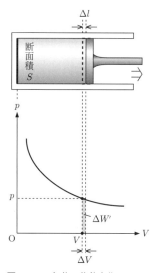

図 1.14 気体の体積変化によって
気体が行う仕事.

1.8 気体の状態変化と熱機関♡ ●

気体が体積変化する際には，気体は外部に仕事をしたり外部から仕事をさ
れたりする．簡単のために，断面積 S〔m^2〕のシリンダーとそこをなめらか
に動くピストンを考える．シリンダー内の圧力を p〔Pa〕とすると，気体がピ
ストンを押す力は pS である．ここで，ピストンが微小な距離 Δl〔m〕だけ
動いたとしよう．このピストンの移動の間の圧力変化は小さいので，気体が
ピストンにする微小な仕事 $\Delta W'$〔J〕は[注 28]

$$\Delta W' = pS\Delta l = p\Delta V \tag{1.17}$$

となる．ここで，ΔV〔m^3〕はピストンの移動に伴う体積変化である．断面
積 S が一定でない場合も $\Delta W' = p\Delta V$ は成り立つ．この場合に，気体が外
部からされる仕事 ΔW〔J〕は以下の式の通りである.

$$\Delta W = -\Delta W' = -pS\Delta l = -p\Delta V \tag{1.18}$$

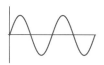

気体の状態変化として重要な 4 種類の変化を整理しておこう.

1. **定積変化** （図 1.15）

体積一定のまま，加熱または冷却する過程である．体積変化を伴わ
ないので，外部に仕事をしない．したがって，

$$\Delta U = Q \tag{1.19}$$

で表されるように，気体の得た（失った）熱量 Q〔J〕がすべて内部エ
ネルギーの増加（減少）ΔU〔J〕になる[注29].

2. **定圧変化** （図 1.16）

圧力一定のまま，加熱または冷却する過程である．体積変化を伴う
ので，内部エネルギーの変化 ΔU は熱力学第一法則（エネルギー保存
の法則）より，得たエネルギー Q から外部にした仕事 $\Delta W'$ を引いた
ものになる．すなわち，ΔU は以下の式で与えられる.

$$\Delta U = Q - \Delta W' = Q - p\Delta V \tag{1.20}$$

3. **等温変化** （図 1.17）

温度一定のまま，加熱または除熱[注30] する過程である．温度変化
を伴わないので，内部エネルギーの変化はない．したがって，熱力学
の第一法則から[注31]

$$\Delta W' = -\Delta W = Q \tag{1.21}$$

のように，気体の得た熱量がすべて外部にする仕事に変換される.

注 30 熱をとる.

注 31 この過程では，与えられた熱量をすべて仕事にすることができる．しかしながら，繰り返し熱をすべて仕事に変えることはできない.

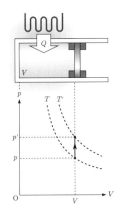
図 1.15 定積変化.

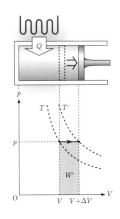
図 1.16 定圧変化.

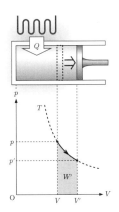
図 1.17 等温変化.

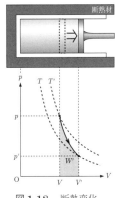
図 1.18 断熱変化.

4. **断熱変化** （図 1.18）

熱のやりとりを行わずに，状態を変える過程を断熱変化という.
$Q = 0$ J なので，

$$\Delta U = \Delta W = -\Delta W' \tag{1.22}$$

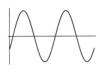

となる．気体が膨張すれば外部に仕事を行うので，内部エネルギーは減少する．一方，気体が圧縮されれば外部から仕事をされたことになるので，内部エネルギーは増加する．理想気体の場合，内部エネルギーと温度は比例するので，前者では温度は減少し，後者では温度は上昇する．

物質 1 mol の温度を 1 K 上昇させるのに必要な熱量を**モル比熱**という．気体の場合には，体積が一定の場合（**定積モル比熱**，C_V〔J/(mol·K)〕）と圧力が一定の場合（**定圧モル比熱**，C_p〔J/(mol·K)〕）が重要である．

定義から，体積一定の場合に物質量 n〔mol〕の気体の温度を ΔT〔K〕だけ上昇させるために必要な熱量 Q は

$$Q = nC_V\,\Delta T \tag{1.23}$$

である．体積が一定なので内部エネルギーの変化 ΔU は Q と等しい．また，単原子分子理想気体の場合には，内部エネルギーの変化 $\Delta U = \dfrac{3}{2}nR\Delta T$[注32]であるから，

$$C_V = \frac{3}{2}R \tag{1.24}$$

であることがわかる．一方，同様に定義から，圧力一定の場合に物質量 n の気体の温度を ΔT だけ上昇させるために必要な熱量 Q は

$$Q = nC_p\,\Delta T \tag{1.25}$$

である．内部エネルギーの変化 ΔU は，体積一定の場合と同じく $nC_V\Delta T$ である．圧力一定の場合には，さらに体積変化に伴う外部に行う仕事 $p\Delta V$ を Q から「賄う」必要がある．$p\Delta V = nR\Delta T$ であるから，

$$Q = \Delta U + p\Delta V = nC_V\Delta T + nR\Delta T = n(C_V + R)\Delta T$$

となり，以下の**マイヤーの関係**が得られる．

$$C_p = C_V + R \tag{1.26}$$

モル比熱を使うと，断熱変化の場合の圧力と体積の関係を

$$pV^{\gamma} = 一定 \tag{1.27}$$

のように表すことができる[注33]．この式を**ポアッソンの式**という．

熱機関とは，繰り返し[注34]熱を仕事に変換する機構である．熱機関は仕事をした後に，元の状態に戻らないといけない．そのためには，熱を捨てるための低温の熱源[注35]が必要である．このような熱機関の状態の繰り返しの過程を**熱機関のサイクル**という．

低温の熱源に捨てられる熱は仕事に変換することができない．高温の熱源から得た熱を Q〔J〕と低温の熱源に捨てた熱を Q'〔J〕とすると，その差

注32 式 (1.16) を参照．

注33 $\gamma = \dfrac{C_p}{C_V}$ は比熱比と呼ばれる（詳しくは 1.11 節を参照）．

注34 この「繰り返し」が重要である．

注35 熱源とは熱の出入りがあっても，温度が変化しない系である．

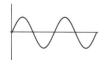

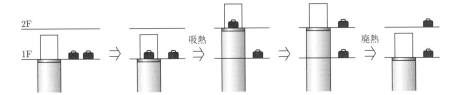

図 **1.19** 荷物を 1 階から 2 階に運ぶエレベータを考えよう[注36]. 最初, 気体は温度が低く体積は小さく, エレベータの床は 1 階にある. ここに荷物を置き, 気体を加熱することによって, 膨張させてエレベータを 2 階まで上昇させる. 2 階まで上がったら, 荷物を 2 階に下ろす. 繰り返し荷物を運ぶためには, エレベータを 1 階まで下ろす必要がある. そのために, 気体を低温の熱源に接触させて温度を下げ, 体積を減少させる.

注36 このエレベータは巨大なピストンで動く.

$Q - Q'$ が外部にする仕事 W'〔J〕になる. 高温の熱源から得られた熱 Q が, できるだけ多く仕事 W' に変換されることが望ましい. その割合を**熱効率** e によって表す[注37].

注37 $Q' > 0$ J なので, $e < 1$ である.

$$e = \frac{W'}{Q} = \frac{Q - Q'}{Q} \tag{1.28}$$

1.9 不可逆変化◇ ━━━━━━━━━━━━━━━━━━━━━━●

高温の物体と低温の物体を接触させると, 熱が移動して二つの物体の温度は同じになる. しかしながら, 同じ温度の物体が時間が経つにつれて, 温度差が生じるようなことは起こらない[注38]. このように, 自然には元の状態には戻らない変化があり, そのような変化を**不可逆変化**という. 不可逆変化の変化の方向を示す法則が**熱力学の第二法則**である. この法則は次のようにいくつかの表現で表すことができる.

注38 振り子のように周期的な運動は可逆変化である. ただし, これは摩擦などが無視できる場合である.

1. **熱は低温の物体から高温の物体に自然に移ることはない**[注39].
2. 一つの熱源から熱を得て, それをすべて仕事に変換することができる熱機関は存在しない.

注39 エアコンは仕事を行うことによって, 強制的に熱を低温の物体から高温の物体に移動させる装置である.

1.10 状態量, 準静的過程, 可逆変化◇ ━━━━━━━━━━●

気体の温度だけで決まる内部エネルギーのように, 物体の巨視的な状態で決まる量を**状態量**という. 圧力や温度などは物質量に比例しない状態量なので**示強変数**という. 体積や内部エネルギーなどは物質量に比例するので, **示量変数**という. 状態量であるためには, 二つの状態を考えた際にその二つの状態の状態量の差が一意に決まる必要がある.

ところが, 熱や仕事は二つの状態を考えた際, 熱力学の第一法則 $\Delta U = W + Q$ からわかるように, 熱だけで ($W = 0$ J の場合) ΔU の変化を起こすこともできるし, 仕事だけで ($Q = 0$ J の場合) ΔU の変化[注40]を起こ

注40 無限小の変化を考えるときには, $\Delta U \to dU$ のように微小量をあらわす記号 d を用いて表すことにする.

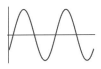

注41 微小量の関係で表すと, 熱力学第一法則は
$$dU = d'W + d'Q$$
となる. W' のダッシュとは異なって, $d'W$ と $d'Q$ のダッシュは, 仕事や熱が状態変化の経路に依存することを注意喚起するためにつけられている.

すこともできる. したがって, 熱や仕事は状態量ではない[注41].

熱力学では物体に運動がない場合を主として扱うが, ピストンを動かして体積を変えるように, 状態を変化させるためには運動を避けることができない. そこで, 物体系の平衡状態を無限小だけ崩して状態を変化させる**準静的過程**を熱力学では通常考える.

1.11 ポアッソンの式

理想気体の断熱変化の際に成り立つ, ポアッソンの式を示そう. 物質量は n とする. 熱力学の第一法則に, $d'Q = 0$ J と $d'W = -pdV$ を代入すると,

$$dU = -pdV$$

である. ここでは準静的過程を考える. 一方, $dU = nC_V dT$ なので,

$$nC_V dT = -pdV$$

である. 理想気体の状態方程式 $pV = nRT$ を用いて p を消去すると,

$$nC_V dT = -n\frac{RT}{V}dV$$

となる. 両辺の n を消去し, マイヤーの法則 $C_p - C_V = R$ を用いると,

$$\frac{dT}{T} = -\frac{C_p - C_V}{C_V}\frac{dV}{V} = -(\gamma - 1)\frac{dV}{V}$$

が得られる. ここで, $\gamma = \dfrac{C_p}{C_V}$ は比熱比である.

両辺を積分すると,

$$\int_{T_0}^{T}\frac{dT}{T} = -(\gamma - 1)\int_{V_0}^{V}\frac{dV}{V}$$

となる. ここで, V_0, V はそれぞれ温度 T_0, T のときの体積である.

注42 log の引数は無次元でなければならない.

$$\log\frac{T}{T_0} = -(\gamma - 1)\log\frac{V}{V_0} \quad^{\text{注}42} \Rightarrow \quad \frac{T}{T_0}\left(\frac{V}{V_0}\right)^{\gamma-1} = 1$$

$$TV^{\gamma-1} = T_0 V_0^{\gamma-1} = \text{一定}$$

理想気体の状態方程式を用いて, T を消去すると,

$$pV^{\gamma} = \text{一定}$$

となり, ポアッソンの式が得られる.

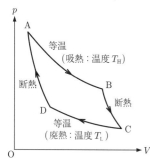

図1.20 カルノーサイクル. 熱機関の一つである.

1.12 カルノーサイクル

図1.20のように, 理想気体が A → B → C → D → A と変化する場合を考える. この変化は, 二つの断熱過程と二つの等温過程でサイクルを形成し

ている．熱力学を理解する上で重要なサイクルで，カルノー (Carnot) サイクルと呼ばれる．

各過程において，理想気体が受け取る熱，気体が行う仕事，内部エネルギーの変化について考えよう．気体の物質量は 1 mol とする．

1. 過程 A → B

気体が行う仕事 $W_{AB}{}'$[注43] は

$$\int_A^B dW' = \int_{V_A}^{V_B} p\,dV = \int_{V_A}^{V_B} \frac{RT_H}{V}\,dV = RT_H \log \frac{V_B}{V_A}$$

等温過程なので，過程 A → B で高温の熱源から気体が受け取る熱 Q_{AB} は $W_{AB}{}'$ に等しい．

2. 過程 B → C

断熱過程なので，気体が外部に行う仕事 $W_{BC}{}'$ は内部エネルギーによって賄われる．

$$W_{BC}{}' = C_V(T_H - T_L)$$

3. 過程 C → D

気体が行う仕事 $W_{CD}{}'$ は

$$\int_C^D dW' = \int_{V_C}^{V_D} p\,dV = \int_{V_C}^{V_D} \frac{RT_L}{V}\,dV = RT_L \log \frac{V_D}{V_C}$$

である．ここで，$V_C > V_D$ であることに注意．すなわち，気体が外部に行う仕事は負である．言い換えると，気体は外部から仕事をされることになる．等温過程なので，過程 C → D で低温の熱源から受け取る熱 Q_{CD} は $W_{CD}{}'$ に等しい．あるいは，低温の熱源に $-Q_{CD}$（C → D では $|Q_{CD}|$ と等しい）の熱を捨てることと等価である[注44]．

4. 過程 D → A

断熱過程なので，気体が外部に行う仕事 $W_{DA}{}'$ は内部エネルギーによって賄われる．

$$W_{DA}{}' = C_V(T_L - T_H)$$

$W_{DA}{}' < 0$ J なので，気体は外部から正の仕事をされている．

カルノーサイクルを熱機関と考えた場合の熱効率を考える．1 サイクルの間に行う仕事 W' は

$$W' = W_{AB}{}' + W_{BC}{}' + W_{CD}{}' + W_{DA}{}'$$

$$= RT_H \log \frac{V_B}{V_A} + C_V(T_H - T_L) + RT_L \log \frac{V_D}{V_C} + C_V(T_L - T_H)$$

$$= RT_H \log \frac{V_B}{V_A} + RT_L \log \frac{V_D}{V_C}$$

注43　この節で W についているダッシュは気体が仕事を「する」ことを意味する．気体の状態変化の経路は図 1.20 によって定まっている．

注44　低温の熱源から負の熱量を受け取るのは低温の熱源へ正の熱量を捨てることである．

である．ここで，断熱変化では $TV^{\gamma-1} = $ 一定 なので，

$$T_H V_B{}^{\gamma-1} = T_L V_C{}^{\gamma-1}, \quad T_L V_D{}^{\gamma-1} = T_H V_A{}^{\gamma-1}$$

である．したがって，$(V_B V_D)^{\gamma-1} = (V_C V_A)^{\gamma-1}$，すなわち $V_B V_D = V_C V_A$ であることがわかる．この関係を W' に代入すると，

$$W' = R(T_H - T_L) \log \frac{V_B}{V_A}$$

が得られる．

　熱機関としての効率は，

$$e = \frac{W'}{Q_{AB}} = \frac{R(T_H - T_L) \log \frac{V_B}{V_A}}{RT_H \log \frac{V_B}{V_A}} = \frac{T_H - T_L}{T_H} \tag{1.29}$$

となることがわかる．カルノーサイクルの場合，効率は高温の熱源と低温の熱源の温度のみに依存する．

1.13　熱力学的絶対温度 ♠ ─────────────────●

　今まで温度を測定する方法があるという前提の下で様々な議論を行ってきた．しかしながら，熱力学が物理学の一分野（実験科学）であるためには温度を測定する手段を提供できなければならない．ここでは，温度を測定する方法を考えよう．言い換えると，測定できる量から「温度」を定義すると言っても良い．ただし，この温度は我々が通常持っている温度の概念から逸脱するものであってはならない．

　物体の温度，ここでは θ という変数を使うことにする．二つの物体を考えて，それぞれの物体の温度を θ_1, θ_2 としよう．そのどちらが高いかは，二つの物体を接触させてどちらの方向に熱が流れるかで判定できる[注45]．

　次に単位時間に流れる熱の量を比較する方法を考えよう[注46]．断面積が一定で一様な材質でできた棒に熱を流すと，棒の両端に生じる温度差は単位時間に流れる熱の量に比例する．比較したい熱流を $\frac{Q_1}{\Delta t}, \frac{Q_2}{\Delta t}$ としよう．同じ温度差[注47]を生じる棒の長さをそれぞれ L_1, L_2 とする．

$$\frac{Q_1 L_1}{\Delta t} - \frac{Q_2 L_2}{\Delta t} = 0 \ \text{J·m/s}$$

でなければならないので，時間 Δt の間に流れる熱量 Q_1 と Q_2 には

$$Q_2 L_2 = Q_1 L_1$$

の関係があり，熱流の比較を棒の長さの比較によって行うことができる．

　可逆熱機関の効率は，高温と低温の熱源の温度だけで決まることをまず証明する．二つの可逆熱機関 1 と 2 があって，それらの効率 e_1, e_2 が異なっていると仮定しよう．ここでは，$e_1 > e_2$ とする．二つの可逆熱機関を，図

注45　高温の物体から低温の物体に熱は流れるという熱力学の第二法則を使う訳である．

注46　後述の，電気のオームの法則と同じである．

注47　同じ温度差であることは先の議論から判定できる．

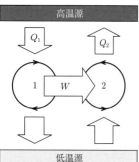

図 1.21　可逆熱機関を二つ動作させる．熱機関 1 は熱を得て仕事を行う．熱機関 2 は仕事をされて，熱を低温源から高温源に移動させる．

1.21 のように熱機関 1 で発生した仕事を用いて熱機関 2 で低温源から高温源に熱を移動する.

$$e_1 > e_2 \leftrightarrow \frac{W}{Q_1} > \frac{W}{|Q_2|}$$

なので, $|Q_2| - Q_1 > 0$ となり, 熱機関 1 と 2 を合わせて考えると[注48], 外部から仕事を受けずに熱を低温源から高温源に移動することができることになる. これは熱力学の第二法則に反するので, e_1 と e_2 が異なっているという仮定が間違っていることになる. すなわち, $e_1 = e_2$ である. 可逆な熱機関 1 としてカルノーサイクルを考えると, その効率は式 (1.29) のようになるので, 可逆熱機関の効率は機関の詳細によらず, 高温源と低温源の温度のみに依存することがわかる. 可逆熱機関の効率は, 高温源と低温源の温度の関数 θ_H, θ_L のみで決まる. ここで, θ は温度が増加すれば単調に増加する関数であれば良い[注49].

熱源 $\theta_2, \theta_1, \theta_0$ の間に可逆熱機関をはたらかせる.

$$\frac{Q_2}{Q_1} = f(\theta_2, \theta_1), \quad \frac{Q_1}{Q_0} = f(\theta_1, \theta_0)$$

一方, これらの二つの熱機関を合わせたものも一つの熱機関と見なせるので,

$$\frac{Q_2}{Q_0} = f(\theta_2, \theta_0)$$

でなければならない. したがって,

$$f(\theta_2, \theta_1) f(\theta_1, \theta_0) = f(\theta_2, \theta_0) \leftrightarrow f(\theta_2, \theta_1) = \frac{f(\theta_2, \theta_0)}{f(\theta_1, \theta_0)}$$

である. したがって,

$$\frac{Q_2}{Q_1} = f(\theta_2, \theta_1) = \frac{g(\theta_2)}{g(\theta_1)}$$

でなければならない[注50]. この $g(\theta)$ を**熱力学的絶対温度**という. すでに議論したように, Q_2/Q_1 は測定できるので, ある温度を基準にした絶対温度を測定できることになる[注51].

1.14 クラウジウスの不等式とエントロピー♠ ━━━━━━━━━●

まず, エントロピーを議論する準備として, **クラウジウス (Clausius) の不等式**について考えよう. 系が外界と作用しながら, いくつかの熱源 R_i (温度は $T_i^{(e)}$) から熱量 Q_i を吸収し, 正の仕事 W' を外部に行うサイクル C_X (図 1.23 の太線の矢印で表されたサイクル) を考える. 熱量 Q_i と外部の熱源の温度 $T_i^{(e)}$ には以下のクラウジウスの不等式が成り立つ.

$$\sum_i \frac{Q_i}{T_i^{(e)}} \le 0 \text{ J/K} \tag{1.30}$$

注48 $e_1 < e_2$ を仮定する場合は熱機関 1 と 2 の役割を入れ替えれば良い.

注49 $T_1 > T_2$ ならば $\theta(T_1) > \theta(T_2)$ である.

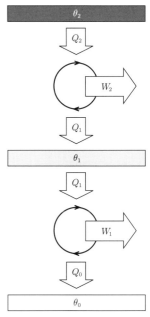

図 1.22 二つの可逆機関を連結して動作させる.

注50 θ_0 は一定なので, $f(\theta, \theta_0)$ は θ のみの関数である. それを $g(\theta)$ と書くことにする.

注51 基準点としては水の 3 重点の温度を 273.16 K とする. 水の融点は 273.15 K になる.

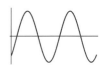

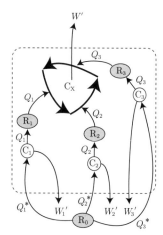

図 1.23　クラウジウスの不等式.
3 個の熱源（R_1, R_2, R_3）と
熱のやり取りを行う場合.

注 52　熱源に熱を捨てる場合は負
の熱量を得ることとする.

注 53　サイクル C_X をはたらか
せた際の R_i の変化が元に戻り,
R_i はトータルではなにもしてい
ないことになる.

注 54　カルノーサイクル C_i は
$-Q_i$ の熱を受け取っている.

注 55　図 1.23 の点線内.

注 56　式 (1.30) は, 熱源が 2 個
の場合の式 (1.32) を多数の熱源
に拡張したものと考えることも
できる.

特に, 変化が連続的な場合は

$$\oint \frac{d'Q}{T^{(e)}} \leq 0 \text{ J/K} \tag{1.31}$$

である. これは, 以下のように考えると導出できる.

第一に, 式 (1.29) の意味を再考しよう. 外部にする仕事 $W' = Q_H + Q_L$ である. ここで, Q_H と Q_L は, それぞれ高温の熱源から得た熱量（カルノーサイクルの節では Q_{AB}）と低温の熱源から得た熱量（同じく Q_{CD}）である[注 52]. したがって, 式 (1.29) より

$$\frac{Q_H + Q_L}{Q_H} = \frac{T_H - T_L}{T_H} \Rightarrow \frac{Q_L}{Q_H} = -\frac{T_L}{T_H} \Rightarrow \frac{Q_H}{T_H} + \frac{Q_L}{T_L} = 0 \text{ J/K} \tag{1.32}$$

であることがわかる.

第二に, サイクル C_X に, 補助熱源 R_0（温度 T_0）を加え, 熱源 R_i との間にカルノーサイクル C_i をはたらかせる. これらのカルノーサイクルは, R_0 から熱量 Q_i^* を受け取り, 外界に正の仕事 W_i' を行い, R_i に Q_i を与えることとする[注 53]. すなわち, $W_i' = Q_i^* - Q_i$ である. C_i に式 (1.32) を適用すると[注 54],

$$\frac{Q_i^*}{T_0} - \frac{Q_i}{T_i^{(e)}} = 0 \text{ J/K}$$

である. ここで, C_i についての和をとると,

$$\sum_i \frac{Q_i}{T_i^{(e)}} = \frac{1}{T_0} \sum_i Q_i^* \tag{1.33}$$

となる. 今, C_X が外界にする仕事は $W' = \sum_i Q_i$ である. C_X とすべての $(C_1, C_2, \ldots, C_N)$ を合わせた全体[注 55]で一つの熱源 R_0 から熱量 $\sum_i Q_i^*$ をとり, それをすべて仕事

$$W' + \sum_i W_i' = \sum_i Q_i + \sum_i (Q_i^* - Q_i) = \sum_i Q_i^*$$

に変えたことになる. この仕事は, 熱力学の第二法則より, 正であってはいけない. すなわち, $\sum_i Q_i^* \leq 0 \text{ J}$ でなければならない. 式 (1.33) と合わせて, 式 (1.30) が得られる. 等号が成り立つのは, 考えているサイクルが可逆な場合である[注 56].

次にクラウジウスの不等式を踏まえて, 熱力学でもっとも重要な概念の一つである**エントロピー**を導入しよう. ある系のある熱平衡状態 α_0 を基準状態として, 他の任意の熱平衡状態 α におけるその系のエントロピーを以下のようにして定義する.

$$S(\alpha) = \int_{\alpha_0}^{\alpha} \frac{d'Q}{T} \tag{1.34}$$

ただし，積分経路は α_0 と α を結ぶ任意の準静的経路とする．ここでは，準静的過程を考えているので系の温度は外界の温度と等しく，$T^{(e)} = T$ である．また，系が温度 T のときに吸収する微小熱量を $d'Q$ としている．微分形式で表現すると，

$$dS = \frac{d'Q}{T} \tag{1.35}$$

となる[注57]．特に，閉じた系で体積変化だけが起こる場合は以下の通りである．

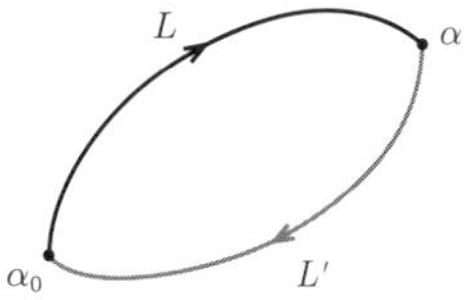

図 1.24　エントロピーは状態量．

$$dU = TdS - pdV \tag{1.36}$$

Q は状態量ではないにも関わらず，エントロピーは状態量である．α_0 と α を結ぶ二つの準静的過程 L, L' を考える．ここで，$\alpha_0 L \alpha L' \alpha_0$ という可逆なサイクルを考える．このサイクルにクラウジウスの不等式 (1.31) を適用すると，

$$\int_{\alpha_0(L)}^{\alpha} \frac{d'Q}{T} + \int_{\alpha(L')}^{\alpha_0} \frac{d'Q}{T} = 0 \text{ J/K}$$

となる．したがって，

$$\int_{\alpha_0(L)}^{\alpha} \frac{d'Q}{T} = \int_{\alpha_0(L')}^{\alpha} \frac{d'Q}{T}$$

となり，$\int_{\alpha_0}^{\alpha} d'Q/T$ の積分は積分経路によらず，α_0, α のみによって決まる．α_0 を固定すれば，エントロピーは系の状態のみに依存する状態量になる．

1.15　熱力学第2法則とエントロピー ♠ ───────●

系が熱力学的な状態 α_0 から他の状態 α に到達する任意の過程 L を考える．さらに，始点と終点が同じ準静的な過程 L_{qs} を考え，サイクル $\alpha_0 L \alpha L_{qs} \alpha_0$ にクラウジウスの不等式 (1.31) を適用する．

$$\int_{\alpha_0(L)}^{\alpha} \frac{d'Q}{T^{(e)}} + \int_{\alpha(L_{qs})}^{\alpha_0} \frac{d'Q}{T} \leq 0 \text{ J/K}$$

ここで，第2項には外界の温度ではなく系の温度 T が式に入っている．第2項はエントロピーの定義そのものであるから，式変形して，

$$\int_{\alpha_0(L)}^{\alpha} \frac{d'Q}{T^{(e)}} \leq S(\alpha) - S(\alpha_0)$$

となる．ここで，微小変化を考えれば，

$$\frac{d'Q}{T^{(e)}} \leq dS \tag{1.37}$$

が得られる．特に，温度が一様な系では外界の温度は系の温度と同じなので

$$d'Q \leq TdS \tag{1.38}$$

となる．ここで，T は系の温度である．

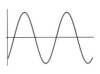

　　系がある束縛条件の下に置かれた（たとえば外界と熱の出入りがないなど）としよう．その系がある状態から他の状態に変化する場合，熱力学第 2 法則 (1.37) を満たす必要があり，この条件を満たすように状態の変化の向きが定まる．もしも，熱力学第 2 法則を満たすような状態変化の向きが存在しなければ，その状態は平衡状態である．

　　例として，外界と熱の出入りがない場合を考えよう．式で表現すると，$d'Q = 0\ \mathrm{J}$ となる．したがって，熱力学第 2 法則から与えられる状態変化の条件は $dS \geq 0\ \mathrm{J/K}$ である．すなわち，**系はエントロピーが増大する向きに状態を変化させる**．もしも，この系のエントロピーが最大であるならば，どのような状態変化を考えても，$dS \geq 0\ \mathrm{J/K}$ を満たすことはできない．言い換えると，断熱状態にある系のエントロピーが最大である場合，その系はそれ以上状態を変化させない．定義により，その状態は熱平衡状態である．

1.16　理想気体の内部エネルギー ♦ ━━━━━━━━━━━━●

　　エントロピーの概念の応用として，理想気体の内部エネルギーが体積に依存しないことを示そう．

　　準備として，温度と体積に依存するエントロピーを考える．その変化は温度が変化したことによる変化と体積が変化したことによる変化の和で，

$$dS = \left(\frac{\partial S}{\partial T}\right)_V dT + \left(\frac{\partial S}{\partial V}\right)_T dV$$

と表すことができる[注58]．一方，$d'Q = dU + pdV$ より，

$$dS = \frac{d'Q}{T} = \frac{1}{T}\left(\frac{\partial U}{\partial T}\right)_V dT + \frac{1}{T}\left\{\left(\frac{\partial U}{\partial V}\right)_T + p\right\}dV$$

である[注59]．これらの式を比較して，$(\partial S/\partial T)_V$ と $(\partial S/\partial V)_T$ の表式が得られる．エントロピーは，微分の順番を変えても同じ結果が得られるので，

$$\frac{\partial}{\partial V}\left(\frac{\partial S}{\partial T}\right)_V = \frac{\partial}{\partial T}\left(\frac{\partial S}{\partial V}\right)_T$$

が成り立つ[注60]．ここに，先の表式を代入して計算すると，以下の式が得られる．

$$\left(\frac{\partial U}{\partial V}\right)_T = T\left(\frac{\partial p}{\partial T}\right)_V - p$$

　　ここで，理想気体を考えよう．$pV = RT$ が成り立つので，$T(\partial p/\partial T)_V = RT/V = p$ である．したがって，

$$\left(\frac{\partial U}{\partial V}\right)_T = T\left(\frac{\partial p}{\partial T}\right)_V - p = p - p = 0 \tag{1.39}$$

となり，理想気体の内部エネルギーは体積に依存しないことがわかる．

注58　$\left(\dfrac{\partial S}{\partial T}\right)_V$ は体積を一定にして，温度を変化させたときのエントロピーの変化率である．$\left(\dfrac{\partial S}{\partial V}\right)_T$ も同様．

注59　$dU = \left(\dfrac{\partial U}{\partial T}\right)_V dT + \left(\dfrac{\partial U}{\partial V}\right)_T dV$ も使う．

注60　$\dfrac{1}{T}\dfrac{\partial}{\partial V}\left(\dfrac{\partial U}{\partial T}\right)_V$
$= -\dfrac{1}{T^2}\left\{\left(\dfrac{\partial U}{\partial V}\right)_T + p\right\}$
$+ \dfrac{1}{T}\dfrac{\partial}{\partial T}\left(\dfrac{\partial U}{\partial V}\right)_T$
$+ \dfrac{1}{T}\left(\dfrac{\partial p}{\partial T}\right)_V$

章末問題

　以下の問題では，水の比熱を 4.2 J/(g·K)，気体定数を 8.3 J/(mol·K)，アボガドロ定数を 6.0×10^{23} mol^{-1}，大気圧を 1.0×10^5 Pa，重力加速度の大きさを 9.8 m/s^2 とする.

問題 1.1$^\heartsuit$　鉄でできた質量 2.0×10^2 g の容器に，質量 1.0×10^2 g の水が入っている. 鉄の比熱を 0.45 J/(g·K) とする.

(1)　この鉄でできた容器の熱容量を求めよ.

(2)　全体の温度を 10 K だけ上昇させるのに必要な熱量を求めよ.

問題 1.2$^\heartsuit$　20 °C の部屋に置かれた熱容量 90 J/K の湯のみに，80 °C のお湯 50 g を入れた. また，熱のやり取りはお湯と湯のみの間のみで起こるものとする.

(1)　しばらくすると，湯の温度は一定（平衡状態）となった. このときの温度を求めよ.

(2)　平衡状態になるまでの間に，湯のみが得た熱量を求めよ.

問題 1.3$^\heartsuit$　図 1.25 のように，周囲を断熱材で囲んだ熱容量 60 J/K の熱量計（容器とかき混ぜ棒）に水 150 g を入れた. このときの熱量計および水の温度はともに 20.0 °C であった. この中に，100 °C に熱した 70 g の銅球を入れてしばらくすると，全体の温度は 23.0 °C になった. また，温度計の熱容量は無視でき，外界との熱のやり取りはないものとする.

(1)　銅の比熱を c〔J/(g·K)〕として，熱量保存の法則を式で書き表せ.

(2)　銅の比熱を求めよ.

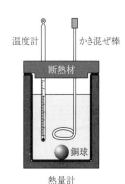

熱量計
図 **1.25**

問題 1.4$^\heartsuit$　圧力，体積，温度がそれぞれ 1.0×10^5 Pa，1.5×10^{-2} m^3，300 K である理想気体がある. 次のそれぞれの体積を求めよ.

(1)　この気体の温度を 300 K に保ったまま，圧力を 3.0×10^5 Pa にした.

(2)　この気体の圧力を 1.0×10^5 Pa に保ったまま，温度を 400 K にした.

(3)　この気体の圧力を 2.0×10^5 Pa，温度を 360 K にした.

問題 1.5$^\heartsuit$　容器の中に圧力 1.0×10^5 Pa，体積 1.0 cm^3，温度 300 K の気体が閉じ込められている. この容器内の気体の分子の個数を求めよ.

問題 1.6$^\heartsuit$　次の各問いに答えよ.

(1)　2.0 mol の単原子分子理想気体の，300 K での内部エネルギーを求めよ. また，このときの気体分子の運動エネルギーの平均値を求めよ.

(2)　単原子分子理想気体が，体積 2.0×10^{-2} m^3 の容器に閉じ込められて

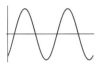

いる．気体の圧力が 1.0×10^5 Pa のときの内部エネルギーを求めよ．

(3)　温度 300 K での水素分子（分子量：2）および酸素分子（分子量：32）
の平均 2 乗速度をそれぞれ求めよ．

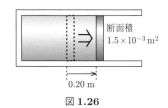

図 1.26

問題 1.7$^\heartsuit$　図 1.26 のように，断面積 1.5×10^{-3} m^2 のなめらかに動くピス
トンがついた円筒容器内に，単原子分子理想気体が閉じ込められている．外
部の圧力は 1.0×10^5 Pa である．この気体に 3.0×10^2 J の熱を加えたとこ
ろ，気体は膨張してピストンが 0.20 m 移動した．

(1)　気体が外部にした仕事を求めよ．

(2)　気体の内部エネルギーの変化量を求めよ．

問題 1.8$^\heartsuit$　圧力 1.0×10^5 Pa，体積 3.0×10^{-4} m^3，温度 300 K の気体
を，圧力を一定に保ったまま，25 J の熱量を加えたところ，温度は 400 K に
なった．

(1)　温度が 400 K になったときの，気体の体積を求めよ．

(2)　気体の内部エネルギーの変化量を求めよ．

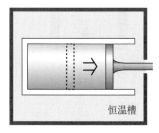

図 1.27

問題 1.9$^\heartsuit$　図 1.27 のように，断面積 1.0×10^{-2} m^2，質量 50 kg のなめら
かに動くピストンがついた円筒容器を鉛直向きに置く．最初，容器の中には
温度が 300 K の気体が閉じ込められている．

(1)　円筒容器内の気体の圧力を求めよ．

(2)　最初の状態からピストンの上におもりを乗せて，温度を一定に保った
ままで容器内の気体の体積を半分にした．このとき，ピストンに乗せ
たおもりの質量を求めよ．

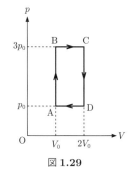

図 1.28

問題 1.10$^\heartsuit$　図 1.28 のように，なめらかに動くピストンがついた円筒容器
内に，圧力 1.0×10^5 Pa，体積 5.0×10^{-3} m^3，温度 300 K の理想気体が閉
じ込められている．温度を一定に保ったまま，ピストンに加える力を調整し
ながら加熱して体積を 2.0 倍にした．

(1)　体積が 2.0 倍になったときの気体の圧力を求めよ．

(2)　この変化による気体の内部エネルギーの変化量 ΔU を求めよ．

(3)　この変化による気体がした仕事 $\Delta W'$ を求めよ．

問題 1.11$^\heartsuit$　単原子分子理想気体がある．この気体の状態を，状態 A（圧力
p_0，体積 V_0）から，図 1.29 のように状態 A → 状態 B → 状態 C → 状態
D → 状態 A と変化させた．気体定数を R とする．

(1)　それぞれの過程において，内部エネルギーの変化 ΔU，気体がした仕事
$\Delta W'$，気体が得た熱量 Q のそれぞれを p_0，V_0 を用いて表せ．

(2)　この 1 サイクルで，気体がした仕事の和を p_0，V_0 を用いて表せ．

図 1.29

(3) この熱機関の熱効率を求めよ.

問題 1.12$^\heartsuit$　n〔mol〕の単原子分子理想気体がある. この気体の状態を, 状態 A（圧力 p_0, 体積 $3V_0$）から, 図 1.30 のように状態 A → 状態 B → 状態 C → 状態 A と変化させた. 気体定数を R とする. また, C → A は等温変化である.

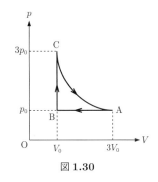

図 1.30

(1) 状態 A の温度 T_A を求めよ.

(2) A → B の過程で気体が得た熱量を求めよ.

(3) B → C の過程で気体の内部エネルギーの変化を求めよ.

(4) B → C の過程で気体が得た熱量を求めよ.

(5) C → A の過程で気体がした仕事を求めよ.

(6) C → A の過程で気体が得た熱量を求めよ.

(7) この熱機関の熱効率を求めよ.

問題 1.13$^\heartsuit$　n〔mol〕の単原子分子理想気体を, 図 1.31 のように状態 A（圧力 p_1, 体積 V_1）から状態 B（圧力 p_2, 体積 V_2）へと断熱変化させた. 比熱比を γ とする.

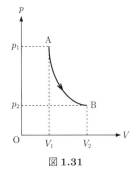

図 1.31

(1) 状態 A, B のうち, 高温なのはどちらか.

(2) p_2 を p_1, V_1, V_2 を用いて表せ.

(3) A → B の過程で気体がした仕事を求めよ.

問題 1.14$^\heartsuit$　図 1.19 において, 最初の状態を, 高さ L〔m〕, 圧力 p_0〔Pa〕, 温度を T_0〔K〕とする. また, 1 階から 2 階までの高さを H〔m〕とする. このエレベータが質量 m〔kg〕の荷物を 1 階から 2 階まで上げて最初の状態に戻るサイクルの熱効率を求めよ. ただし, 定積モル比熱を C_V〔J/(mol·K)〕, 定圧モル比熱を C_p〔J/(mol·K)〕とし, ピストンの断面積を S〔m²〕とする. また, ピストンの質量は無視する.

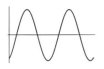

◆───────────── 太陽の光を集める ─────────────◆

　正直に告白すると，筆者は熱力学が苦手です．熱力学は何かわかったような気になりません．ここでの「わからない」は「論理の各ステップは納得できる」が，その論理の道筋を「自ら思い浮かべることができそうにない」ということです．本文では，そういう訳にはいきませんから，さも得意なような「ふり」をして原稿を書いていますけれど...ただ，大きな間違いが原稿にある訳ではない（はずな）ので，安心してください（？）

　熱力学では，原子や分子のような具体的なものを考えるかわりに，エネルギー，エントロピー，内部エネルギーなどの抽象的な量の間の関係として，現象を捉えます．たとえば，ある物体を構成する多数の分子原子が非常に激しくランダムに運動している場合，その物体の温度は高いと表現します．この場合，分子原子の運動についての多数の具体的な情報[注61]が，ただ一つ「温度」という抽象的な情報で代表することができるのです．この抽象性が熱力学の最大の強みです[注62]．熱力学的な思考を駆使できれば[注63]，様々な現象に対して簡単に正しい結論を得ることができます．

　例として，太陽の光を集めて高温を得る太陽炉を考えましょう．第二次ポエニ戦争でシュラクサのアルキメデスが鏡に反射させた太陽光を大型レンズで集光しローマの軍船を焼いたという伝説がありますが，史実かどうかはわからないようです．キャンプの際のクッキング用の太陽炉（ソーラークッカー）は見たことがある人も多いでしょう．子供のときに，太陽光をレンズで集めて，紙を燃やしたことがある人は多数いるはずです．さて，この太陽炉（レンズ）によって得ることができる温度は何度でしょうか？　レンズや反射板の形状や仕上がり，空気の透明度，曇りか晴天か，風があるかないか，太陽の表面温度など多数の要因があって，得られる温度を計算することは困難です．でも，原理的に到達し得る最高温度ならば，熱力学的な考察によって簡単にわかります．次のように背理法を用います．

1. 仮に，太陽炉によって得られる最高温度が太陽表面の温度（約摂氏6000度）よりも高いと仮定しましょう．

2. 熱力学の第二法則を破ることなく太陽炉の高温部分から熱を太陽に移動させることが原理的にはできるはずです．

3. 太陽の表面の温度を最初の温度より高くすることができるはずです．

4. 太陽炉によって得られる最高温度も仮定した温度よりも高くなるはずです．

5. 太陽炉から熱を移動させることによって，太陽の表面温度をさらに高くすることができるはずです．

　このように考えると，太陽の温度をいくらでも高くすることができることになってしまいますが，それは変です．すなわち，最初の仮定が間違っているはずです．最終的には「太陽炉の最高温度は太陽の表面の温度より高くなることはない」という結論が得られます．

　わかったような気になれましたか？

◆─────────────────────────────◆

太陽光

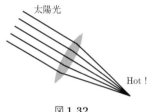

Hot !

図 1.32

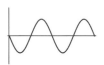

2

波の性質

　日常は，光や電波などの電磁波から水の波，音波など波に満ちている．ここでは，波を特徴付ける基本的な量や波が重なったり反射したりするときの振る舞いについて考える．

2.1　波 ♡

　ある場所に生じた振動が次々とまわりに伝わる現象を**波**または**波動**[注1]という．波を伝える物質を**媒質**といい，振動の源を**波源**という．ここで注意しなければならないのは，媒質そのものが動いていくのではなく，媒質の振動が伝わっていくことである．

　図 2.1 のように，紐の右端を壁に固定し，すばやく左端を1回上下に動かす．動きが左端から右端に伝わっていく．ここで，紐が媒質となり左端が波源である．ある瞬間の波の形を**波形**といい，この波形が移動する速さを**波の速さ**という[注2]．図 2.1 のような波では，媒質全体に媒質の変位が広がっている訳ではなく**孤立波**と呼ばれる．

注1　水面に石を落とした場合の波紋の広がりをイメージすると良い．

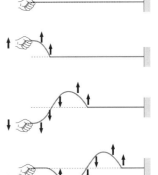

図 2.1　紐の右端は壁に固定し，すばやく左端を上下に1回振動する．振動が左端から右端に伝わっていく．紐そのものが右に動くのではない．

注2　媒質の移動する速さではない．

2.2　単振動と波 ♡

　図 2.2 は等速円運動と単振動の関係を示している．等速円運動を行う物体の射影は単振動になり，等速円運動の1回転に対応する往復運動が単振動における1回の振動である．このような波源の振動が何回も起こる場合を考えよう（図 2.3 参照）．1回の振動に要する時間 T〔s〕を**周期**，1秒間あたりの振動の回数 f〔Hz〕を**振動数**という．振動数の単位は**ヘルツ**（記号 Hz）である．

$$f = \frac{1}{T} \tag{2.1}$$

波がない状態からの媒質の位置の変化を**変位**といい，その最大値を**振幅**という．波源の単振動が波として伝わると，波の波形は図 2.3 のような**正弦曲線**になる．波形が正弦曲線の波のことを**正弦波**という[注3]．波形のもっとも高いところを**山**，もっとも低いところを**谷**という．隣り合う山と山（谷と谷）

注3　波というと正弦波のことを考える場合は多い．

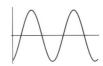

の間隔を**波長**といい，山の高さ（谷の深さ）が振幅である．

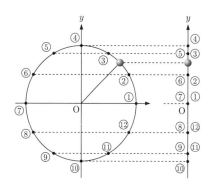

図 **2.2**　等速円運動を行っている物体を射影すると，単振動を行う影を得ることができる．

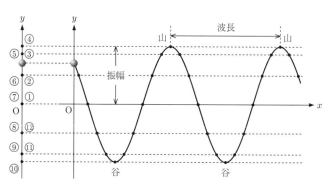

図 **2.3**　波源が単振動すると，連続的な波が生じる．

　　図 2.3 より，波源が 1 回振動する間に波は 1 波長進むことがわかる．波の速さ v〔m/s〕，波長を λ〔m〕とすると，以下の関係がある．

$$v = f\lambda = \frac{\lambda}{T} \tag{2.2}$$

2.3　波を表す式♡

注4　y は引数 x, t をもつ関数である．

　　位置 x〔m〕，時刻 t〔s〕におけるある波の変位を $y(x, t)$〔m〕[注4] と表すこととする．正弦波の時刻 $t = 0$ s における波形は，その波長を λ〔m〕，振幅を A〔m〕とすると，

$$y(x, 0\text{ s}) = A\sin 2\pi\left(\frac{x}{\lambda}\right) \tag{2.3}$$

と表すことができる．ただし，$y(0\text{ m}, 0\text{ s}) = 0$ m であるとした．この波形が x 軸方向に速さ v〔m/s〕で動く場合を考える．別のいい方をすると，$y(x, 0\text{ s})$ が t〔s〕後には vt だけ平行移動するのである．この平行移動を式で表すと，t 後には $y(x - vt, 0\text{ s})$ になることを意味している．よって，式 (2.3) より，

$$y(x, t) = y(x - vt, 0\text{ s})$$

$$= A\sin 2\pi\left(\frac{x - vt}{\lambda}\right) = A\sin 2\pi\left(\frac{x}{\lambda} - \frac{t}{T}\right) \tag{2.4}$$

注5　式 (2.4) は高校では「発展」扱いであったが，便利なので理解すべきである．

注6　ただし，$y(0\text{ m}, \Delta t) < 0$ m，$0\text{ s} < \Delta t \ll 1$ s である．

となる[注5]．式変形には $v = \dfrac{\lambda}{T}$ を用いた[注6]．

　　波では，媒質のある点は同じ運動を繰り返している．その点が 1 周期の中でどのような振動状態（変位とその速度）にあるかを示すために，**位相**という量が用いられる．式 (2.4) を見ればわかるように，

$$2\pi\left(\frac{x}{\lambda} - \frac{t}{T}\right) \tag{2.5}$$

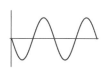

が決まれば，媒質の振動状態がわかる．すなわち，式 (2.5) が位相である．n を整数として，ある時刻 t のときに媒質のある 2 点で

$$2\pi\left(\frac{x_1}{\lambda}-\frac{t}{T}\right)-2\pi\left(\frac{x_2}{\lambda}-\frac{t}{T}\right)=2\pi\left(\frac{x_1}{\lambda}-\frac{x_2}{\lambda}\right)=2\pi n$$

の関係があれば，振動状態は同じ[注7]，すなわち $y(x_1,t)=y(x_2,t)$ なので 同位相という．一方，

注7　三角関数の周期は 2π である．

$$2\pi\left(\frac{x_1}{\lambda}-\frac{t}{T}\right)-2\pi\left(\frac{x_2}{\lambda}-\frac{t}{T}\right)=2\pi\left(\frac{x_1}{\lambda}-\frac{x_2}{\lambda}\right)=2\pi\left(n+\frac{1}{2}\right)$$

ならば，$y(x_1,t)=-y(x_2,t)$ なので逆位相という．

例題 2.1　図 2.3 の波の振幅は 1.0 m，波長は 2.0 m，周期は $T=4.0\times10^{-1}$ s であった．

(1)　この波の振動数 f〔Hz〕および波の速さ v〔m/s〕を求めよ．

(2)　時刻 $t=0$ s に山であった点の変位の時間変化を表す式 $y(t)$〔m〕を求めよ．

解　(1)　振動数および波の速さはそれぞれ，

$$f=\frac{1}{T}=\frac{1}{4.0\times10^{-1}\ \text{s}}=2.5\ \text{Hz},$$

$$v=\frac{\lambda}{T}=\frac{2.0\ \text{m}}{4.0\times10^{-1}\ \text{s}}=5.0\ \text{m/s}$$

となる．

(2)　$t=0$ s のときに山であることより，$A=1.0$ m を振幅として，

$$y(t)=A\cos2\pi\frac{t}{T}=(1.0\ \text{m})\cdot\cos\left(2\pi\frac{t}{4.0\times10^{-1}\ \text{s}}\right)$$

$$=(1.0\ \text{m})\cdot\cos\{2\pi(2.5\ \text{Hz})\cdot t\}$$

となる．

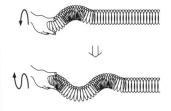

図 2.4　横波．

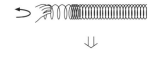

図 2.5　縦波．

2.4　縦波と横波 ♡

波には，横波（図 2.4）と縦波（図 2.5）がある．横波は波の進行方向と垂直方向に媒質の振動が起こる波で，縦波は波の進行方向と同じ方向に媒質の振動が起こる波である．縦波では，**体積**[注8]変化に対して復元力がはたらけば伝わることができる．すなわち，縮まれば体積を大きくしようとする力がはたらき，膨張すれば体積を小さくするような力がはたらけばよい．気体の場合はボイルの法則から，このような復元力があることがわかるだろう．液体や固体にもこのような力がはたらく．また，体積変化は密度の変化とい

注8　ここの体積は物質が占める空間という意味で通常の体積の概念より広い概念である．バネの例を参照．

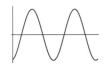

うこともできるので，縦波は**疎密波**とも呼ばれる．横波が伝わるのは，媒質が進行方向に対して垂直方向に変位したときにも，復元力がはたらく場合である．このような力は液体中や気体中では生じないので，横波は伝わることができず，固体中のみを伝わる[注9]．

縦波では波の進む方向と変位の方向が同じである．そのため，波の進行と変位を同時に表すのは煩雑である（図2.6参照）．そこで，進行方向に対して仮想的なy軸を考えて，変位をこのy軸に対して表記することがある．このような表示方法を縦波の**横波表示**という[注10]．密になるのは正の変位から負の変位に変わるところで，疎になるのは変位が負から正に変わるところである．

注9　地震波のP波は縦波，S波は横波である．P波とS波の伝わり方の違いから，地球の中心には液体の核があることが知られている．

注10　縦波が横波に変わる訳ではないので，注意が必要である．作問者がこのことを勘違いをして，大学入試問題として成立しなくなったことがあった．

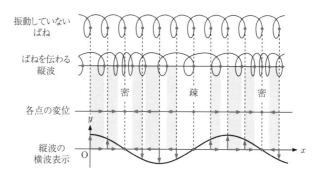

図2.6　縦波の変位の表示法.

波が伝わるということは，動いていなかった媒質が振動するようになることである．媒質は質量を持つので，波が伝わるとは振動に伴う運動エネルギーが伝わることである．このようなエネルギーを**波のエネルギー**という．

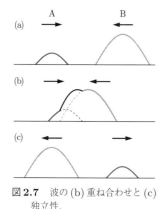

図2.7　波の (b) 重ね合わせと (c) 独立性.

注11　小物体の衝突とは異なる振る舞いである．

2.5　波の重ね合わせ♡

二つの波，波1と波2が重なりあうとき（図2.7(a)参照），媒質の変位はそれぞれの波の変位の和$y_1(x,t) + y_2(x,t)$となり，図2.7(b)のような波形が観察される．このような関係を**重ね合わせの原理**といい，重なり合ってできる波を**合成波**という．また，波が通りすぎた後は，図2.7(c)のようにお互いの影響を受けることなく進行する．この性質のことを**波の独立性**という[注11]．

例題2.2　図のような二つの波A，Bが互いに逆向きに速さ1 m/sで進む．図の時刻から2秒後，3秒後，4秒後の波形をそれぞれ図示せよ．

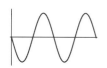

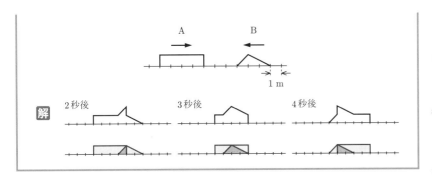

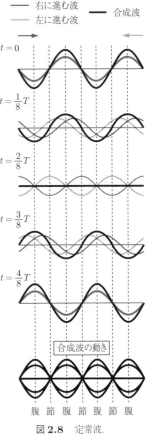

図 **2.8** 定常波.

2.6 定常波♡

波長，振幅，周波数が等しく互いに逆向きに進む二つの正弦波の合成波は図 2.8 のようになる．全く振動しない部分（**節**）と大きく振動する部分（**腹**）が現れ，腹と腹（節と節）の間隔は元の波の波長の半分である．また，この腹（節）は位置を変えないので，**定常波**または**定在波**（進行しない波）と呼ばれる．しかしながら，媒質の振動は起こっていることに注意すること．

2.7 波の反射♡

波は，媒質の端や異なる媒質との境界で反射する．端や境界に向かう波を**入射波**，そこから戻ってくる波を**反射波**という．反射波の振動は反射端の振動によって決まり，その反射端の振動は入射波の振動によって決まっている．したがって，入射波と反射波の振動数は等しい．また，入射波と反射波は進行方向が異なっているだけなので，その速度の大きさは同じである．

反射端には2種類ある．反射端の媒質が自由に動くことができる**自由端**と，固定されている**固定端**である．自由端の場合には反射端における入射波と反射波の位相は同じで，固定端の場合には180度 (π rad) だけ変化する．

それぞれの場合の反射波は以下のようにして求められる．

- 自由端（図 2.9(a)）

  反射端がないとして，入射波を延長して描く[注12]．この延長した波に対して，反射端を含み進行方向に垂直な面に対称となる波を描く．

- 固定端（図 2.9(b)）

  反射端がないとして，入射波を延長して描く．延長した波の変位の正負を逆転した波を描く[注13]．この反転した波に対して反射端を含み進行方向に垂直な面に対称となる波を描く．

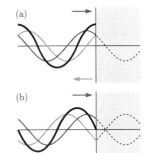

図 **2.9** 波の反射．(a) 自由端と (b) 固定端．

注 **12** 反射端で位相は変化しないことに対応する．

注 **13** 反射端で位相が180度変化することに対応する．

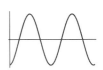

例題 2.3　図のような入射波が速さ 1.0 m/s で進んでおり，y 軸上にある境界面で反射する．図は $t = 0.0$ s の入射波を描いたものである．

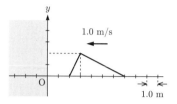

(1)　y 軸の位置で波が自由端反射する場合．

　(a)　$t = 3.0$ s での 入射波，反射波および入射波と反射波の合成波を描け．

　(b)　$t = 5.0$ s での 入射波，反射波および入射波と反射波の合成波を描け．

(2)　y 軸の位置で波が固定端反射する場合．

　(a)　$t = 3.0$ s での 入射波，反射波および入射波と反射波の合成波を描け．

　(b)　$t = 5.0$ s での 入射波，反射波および入射波と反射波の合成波を描け．

解

(1)　自由端反射
(a) $t = 3.0$ s　　(b) $t = 5.0$ s

(2)　固定端反射
(a) $t = 3.0$ s　　(b) $t = 5.0$ s

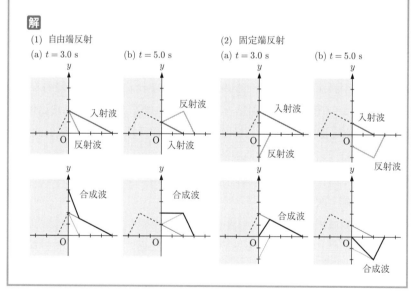

2.8　波の干渉・反射・屈折・回折 ♡ ─────────────●

　今までは直線上を進行する波を考えていた．ここでは，いろいろな方向に進む波を考える．波の進む向きを表すために，同位相の点を連ねてできた線

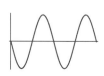

または面（波面）を用いる．波面は波の進む向きに対して垂直である．1点の波源から広がる波は，平面上ならば波面は円，3次元空間内ならば球面となり，**球面波**という．一方，波源が直線状あるいは面状な場合には波面は直線あるいは平面になり**平面波**という^{注14}.

図2.10のように，同位相で振動する二つの波源からの球面波の重ね合わせを考えよう．二つの波源 S_1 と S_2 からの波がある点 P で同位相になれば二つの波は強め合うし，逆位相^{注15}ならば弱め合う．このように，波が互いに強め合ったり弱め合うあったりする現象のことを**波の干渉**という．ある点での位相が同位相になるか逆位相になるかは，波長 λ だけ波が移動すると位相は 2π rad だけ変化することより，以下の式で判定できる．m は整数である．

$$\text{同位相}\ :\ \overline{\mathrm{PS_1}} - \overline{\mathrm{PS_2}} = m\lambda \tag{2.6}$$

$$\text{逆位相}\ :\ \overline{\mathrm{PS_1}} - \overline{\mathrm{PS_2}} = \left(m + \frac{1}{2}\right)\lambda \tag{2.7}$$

2.9　ホイヘンスの原理◇

平面上あるいは3次元空間上の波の進み方を説明するために，ホイヘンスは「**波面上の各点からは，それを波源とする球面波（素元波）が発生する．素元波は元の波の進む速さと等しい速さで広がり，すべての素元波に共通する面が次の瞬間の波面になる**」という**ホイヘンスの原理**を提唱した（図2.11, 2.12 参照）．

ホイヘンスの原理により，反射，屈折および回折を統一的に理解できる.

● 反射

壁（反射面）に平面波が入射すると，波は反射する．反射面の法線と入射する波の進む向きがなす角（**入射角**）を θ，反射する波の進む向きがなす角（**反射角**）を θ' とすると，**入射角と反射角は等しい**，すなわち，

$$\theta = \theta' \tag{2.8}$$

という**反射の法則**をホイヘンスの原理を用いて以下のように説明することができる（図2.13 参照）．

入射波の波面 A_1B_1 の左端が壁（反射面）に達した瞬間を時刻 $t = 0$ s とする．この波面上の A_1 が壁上の点 A_2 に達するまでの時間を τ〔s〕とする．また，波の速さを v〔m/s〕とする．$0\,\mathrm{s} \leq t \leq \tau$ の間に，B_1A_2 上の B_1 に近い点から次々と素元波は発生する．これら素元波に共通して接する面が反射波の波面になる．この波面

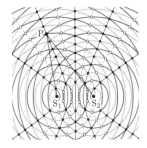

図2.10　球面波の干渉．黒線はある瞬間の波の山，灰色線は谷を表す．■の点では波は強め合い，□の点では弱め合う.

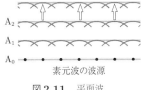

図2.11　平面波.

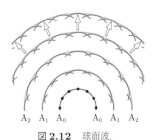

図2.12　球面波.

図2.13　反射の法則.

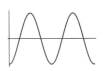

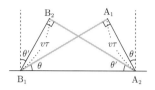

図 2.14　ホイヘンスの原理による反射の法則の説明.

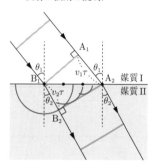

図 2.15　屈折の法則.

図 2.16　回折現象 (a). 開いている部分が波長よりも長いと, 波は直進する.

図 2.17　回折現象 (b). 開いている部分が波長程度のとき, 波は壁の裏側にも回り込む.

は, 中心が B_1 で半径 $v\tau = \overline{A_1A_2} = \overline{B_1B_2}$ の円への A_2 からの接線 B_2A_2 である. 三角形 $A_1B_1A_2$ と三角形 $B_2A_2B_1$ は合同なので, $\theta = \angle A_1B_1A_2 = \angle B_2A_2B_1 = \theta'$, すなわち入射角と反射角が等しい, ことがわかる.

● 屈折

　平面波が二つの異なる媒質 I, II の境界面に向かって媒質 I から媒質 II に斜めに入射すると, 境界面で進行方向が変化する. この現象を**屈折**といい, 屈折して進む波を**屈折波**という. 屈折波の進行方向と媒質の境界面の法線のなす角を**屈折角**という. 入射角を θ_1, 屈折角を θ_2, 媒質 I の中での波の速さと波長を v_1〔m/s〕, λ_1〔m〕, 媒質 II の中での波の速さと波長を v_2〔m/s〕, λ_2〔m〕とすると,

$$\frac{\sin\theta_1}{\sin\theta_2} = \frac{v_1}{v_2} = \frac{\lambda_1}{\lambda_2} \tag{2.9}$$

で表される**屈折の法則**が成り立つ. $\dfrac{\lambda_1}{\lambda_2} = n_{12}$ を媒質 I に対する媒質 II の**屈折率**という. 屈折の法則も, ホイヘンスの原理を用いて以下のように説明することができる（図 2.15 参照）.

　入射波の波面 A_1B_1 の左端が境界面に達した瞬間を時刻 $t = 0$ s とし, この波面上の A_1 が境界面上の点 A_2 に達するまでの時間を τ〔s〕とする. 0 s $\leq t \leq \tau$ の間に, 媒質 II に B_1A_2 上の B_1 に近い点から次々と素元波は発生する. これら素元波に共通して接する面が屈折波の波面になる. この波面は, 中心が B_1 で半径 $v_2\tau = \overline{B_1B_2}$ の円への A_2 からの接線 B_2A_2 である. 三角形 $A_1B_1A_2$ と三角形 $B_2A_2B_1$ では $\overline{B_1A_2}$ は共通なので, $\overline{B_1A_2} = \dfrac{v_1\tau}{\sin\theta_1} = \dfrac{v_2\tau}{\sin\theta_2}$ が成り立ち, 屈折の法則が導かれる.

● 回折

　AB 間だけ開いた壁に対して, 波面がその壁に平行な平面波を入射する. $\overline{AB}$ が波長より十分長いと通過した波は直進するが, $\overline{AB}$ が波長と同程度以下ならば, 波は壁の裏側にも回り込む. このような現象を**回折**という. これは AB 線上で素元波が発生すると考えると説明できる.

2.10　正弦波の反射と定常波

　ここでは, 先に定性的に考察した波の反射と定常波について, 正弦波に注目して考えよう. x 軸の負の方向から原点に向かって進む波[注16]

注 16　正の速度の波である.

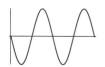

$$y_{\mathrm{i}}(x,t) = A \sin 2\pi \left(\frac{x}{\lambda} - \frac{t}{T} \right)$$

が $x = 0$ m において反射する場合を考える.

- 自由端（図 2.18）

反射がないとして延長した波形を原点を含み x 軸 と垂直な直線で折り返す $(x \to -x)$ と，反射波 $y_{\mathrm{r}}(x,t)$ を得ることができる．すなわち，

$$y_{\mathrm{r}}(x,t) = y_{\mathrm{i}}(-x,t) = A \sin 2\pi \left(-\frac{x}{\lambda} - \frac{t}{T} \right)$$

$$= -A \sin 2\pi \left(\frac{x}{\lambda} + \frac{t}{T} \right)$$

が反射波になる.

- 固定端（図 2.19）

反射がないとして延長した波形を x 軸に対して反転した $(-y_{\mathrm{i}}(x,t)$ を作る）後に，原点を含み x 軸と垂直な直線で折り返す $(x \to -x)$ と，反射波 $y_{\mathrm{r}}(x,t)$ を得ることができる．すなわち，

$$y_{\mathrm{r}}(x,t) = -y_{\mathrm{i}}(-x,t) = -A \sin 2\pi \left(-\frac{x}{\lambda} - \frac{t}{T} \right)$$

$$= A \sin 2\pi \left(\frac{x}{\lambda} + \frac{t}{T} \right)$$

が反射波になる.

次に，定常波について考えよう．お互いに反対方向に進む振幅，周波数，速さが同じ二つの正弦波

$$y_1(x,t) = A \sin \frac{2\pi}{\lambda}(x - vt) = A \sin 2\pi \left(\frac{x}{\lambda} - \frac{t}{T} \right)$$

$$y_2(x,t) = A \sin \frac{2\pi}{\lambda}(x + vt) = A \sin 2\pi \left(\frac{x}{\lambda} + \frac{t}{T} \right)$$

を考える．この二つ波の合成波は三角関数の公式を用いて[注17]，

$$y_1(x,t) + y_2(x,t) = 2A \sin \left(2\pi \frac{x}{\lambda} \right) \cos \left(2\pi \frac{t}{T} \right)$$

となることがわかる．変数 x,t は独立しており，振幅の最大値になる x 座標は時間の関数ではない．すなわち，この波は**進行波**ではないことがわかる．振幅が最大になる x 座標は $\lambda/2$ の整数倍になるので，腹の間隔は $\lambda/2$ である[注18].

2.11 波動方程式 ◆

弦の運動を支配する微分方程式を導出しよう．弦は張力 F_{t} で張られているとし，図 2.20 のように弦の変位を曲線 $y(x,t)$ で表す．弦の微小部分（x と $x + dx$ の間）に対する運動方程式を考える．

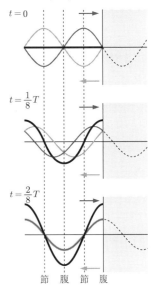

入射波　反射波
合成波

$t = 0$

$t = \frac{1}{8}T$

$t = \frac{2}{8}T$

節　腹　節　腹

図 2.18　自由端での反射.

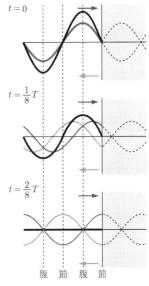

入射波　反射波
合成波

$t = 0$

$t = \frac{1}{8}T$

$t = \frac{2}{8}T$

腹　節　腹　節

図 2.19　固定端での反射.

注17　$\sin(\alpha+\beta)+\sin(\alpha-\beta) = 2\sin\alpha\cos\beta$

注18　$|\sin\theta| = 1$（最大）となるのは π ごとであって，三角関数の周期 2π ではない.

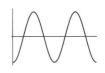

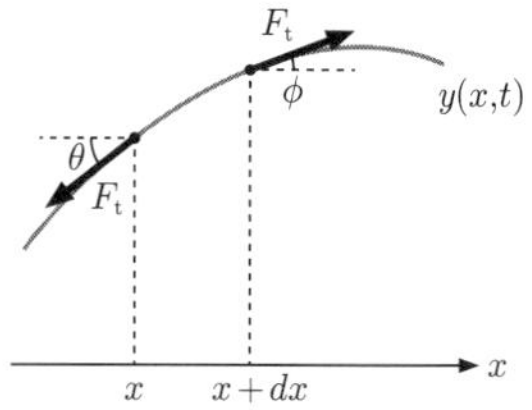

図 2.20　弦の微小部分にはたら
く力.

この弦の微小区間の質量はこの弦の線密度を ρ とすると，ρdx である．こ
の弦の微小部分にはたらく力は，次の表のように整理できる．

	x 軸に平行な成分	x 軸に垂直な成分
左端	$-F_t \cos\theta$	$-F_t \sin\theta$
右端	$F_t \cos\phi$	$F_t \sin\phi$
和	0	$F_t(\sin\phi - \sin\theta)$

弦の変位が十分小さい場合には，θ と ϕ の大きさは 1 に比べて十分小さいの
で，$\cos\theta = \cos\phi$ と近似できる．したがって，この微小区間にはたらく力の
x 成分はつり合っている．一方，x 軸に垂直な成分の力はつり合わず，変位
を小さくする力（**復元力**）がはたらくことになる．

この微小区間に対して運動方程式を立てると，

$$F_t(\sin\phi - \sin\theta) = \rho dx \frac{\partial^2 y(x,t)}{\partial t^2}$$

となる．ここで，

$$\sin\theta = \left(\frac{\partial y(x,t)}{\partial x}\right)_x, \sin\phi = \left(\frac{\partial y(x,t)}{\partial x}\right)_{x+dx}$$

注 19　$(*)_x$ は $*$ の x における値
を示す.

注 20　$\sin\theta = \tan\theta$, $\sin\phi = \tan\phi$ と近似できる.

なので [19,20]，運動方程式は，

$$\frac{F_t}{\rho} \frac{\left(\frac{\partial y(x,t)}{\partial x}\right)_{x+dx} - \left(\frac{\partial y(x,t)}{\partial x}\right)_x}{dx} = \frac{\partial^2 y(x,t)}{\partial t^2}$$

となる．$\dfrac{\left(\frac{\partial y(x,t)}{\partial x}\right)_{x+dx} - \left(\frac{\partial y(x,t)}{\partial x}\right)_x}{dx}$ は，$dx \to 0$ の極限で $y(x,t)$ を x で

2 回微分（偏微分）したものなので，$\dfrac{F_t}{\rho} = v^2$ とおくと，

$$v^2 \frac{\partial^2 y(x,t)}{\partial x^2} = \frac{\partial^2 y(x,t)}{\partial t^2} \tag{2.10}$$

が得られる．これを**波動方程式**という．ここで，v は波の速さを与えること
が以下の考察からわかる．

注 21　ある関数がある（偏）微分
方程式を満たす場合，その関数
をその（偏）微分方程式の解と
いう.

x と t が $x-vt$ のように結びついている関数 $g(x-vt)$ は波動方程式 (2.10)
の解である [21] ことが以下の考察によってわかる．ここで，$g(x-vt)$ は任
意の関数であることに注意する．$g(x-vt)$ が表す波は孤立波でも良いし，正
弦波のような空間に広がっている波でも良い．

$$\frac{\partial^2 g(x-vt)}{\partial x^2} = \frac{\partial}{\partial x} g'(x-vt) = g''(x-vt)$$

$$\frac{\partial^2 g(x-vt)}{\partial t^2} = -v \frac{\partial}{\partial t} g'(x-vt) = v^2 g''(x-vt)$$

ただし，$g'(z) = \dfrac{\partial g(z)}{\partial z}, g''(z) = \dfrac{\partial^2 g(z)}{\partial z^2}$ とする．同様に，関数 $g(x + vt)$ もこの（偏）微分方程式の解であることがわかる．以上のことより，時間が経つにつれて関数（ここでは，変位のパターン，すなわち波形）が速さ v で正または負の方向へ平行移動するならば，それは波動方程式の解であることがわかる．

また，$y_1(x,t)$ と $y_2(x,t)$ がともに波動方程式 (2.10) の解ならば，これらの波の線形結合 $\alpha_1 y_1(x,t) + \alpha_2 y_2(x,t)$ も解になる．このような性質を持つ偏微分方程式のことを**線形偏微分方程式**といい，波の重ね合わせと独立性はこの線形性の表れである．

例題 2.4 正弦波 $y(x,t) = A\sin(kx - \omega t)$ が，波動方程式

$$v^2 \frac{\partial^2 y(x,t)}{\partial x^2} = \frac{\partial^2 y(x,t)}{\partial t^2}$$

の解となるための k と ω の関係を式で表せ．

解 $y(x,t) = A\sin(kx - \omega t)$ を波動方程式に代入して，

$$左辺 = -A\omega^2 \sin(kx - \omega t)$$

$$右辺 = v^2\left\{-Ak^2 \sin(kx - \omega t)\right\}$$

となるので，方程式の解となるためには

$$\omega^2 = v^2 k^2$$

の関係を満足していればよい．なお，k は波数と呼ばれ $k\lambda = 2\pi$ となる．

2.12 減衰振動と強制振動♦

減衰振動[注22] 単振動を表す微分方程式は

$$\frac{d^2x}{dt^2} = -\omega_0{}^2 x \tag{2.11}$$

であった．ただし，$\omega_0 > 0$ とする．この微分方程式を解くと

$$x(t) = A\sin(\omega_0 t + \phi) \tag{2.12}$$

が解になる．ここで，A と ϕ は積分定数で，初期条件に応じて決まる．この微分方程式では振動が永遠に続いてしまう．そこで，振動がだんだん小さくなる現実に合うモデル

$$\frac{d^2x}{dt^2} + 2\gamma\frac{dx}{dt} + \omega_0{}^2 x = 0 \tag{2.13}$$

注 22 たとえば，鐘をついた後に鐘の振動がゆっくりと小さくなっていく現象．鐘の振動が小さくなっていくことは，鐘からの音がだんだん小さくなっていくことからわかる．除夜の鐘を思い出すこと．

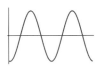

を考えよう. γ は，エネルギーの散逸（ある種の摩擦）を導入するための定数である[注23].

$x = e^{\lambda t}$ とおいて，方程式を満たす λ を探すことによって，微分方程式を解こう. 式 (2.13) に代入すると，

$$\left(\lambda^2 + 2\gamma\lambda + \omega_0{}^2\right) e^{\lambda t} = 0$$

となる. ここで，$e^{\lambda t} \neq 0$ なので，

$$\lambda^2 + 2\gamma\lambda + \omega_0{}^2 = 0 \tag{2.14}$$

でなければならない. 言い換えると，式 (2.14) を満たす λ が求まれば，式 (2.13) の解が得られたことになる. 2 次方程式の解の公式より，

$$\lambda = -\gamma \pm \sqrt{\gamma^2 - \omega_0{}^2} \tag{2.15}$$

となる. その解を $\lambda_\pm$ と書くことにすると，一般解は

$$x(t) = ae^{\lambda_+ t} + be^{\lambda_- t} \tag{2.16}$$

となる. $x(t)$ は有限の値を持たないと物理的には意味がないので，$t \to \infty$ で $x(t) \to 0$ になるように，$\gamma > 0$ の場合を考える.

具体的に $x(t)$ がどのような関数になるかを考えるために，2 次方程式 (2.14) の判別式の正負に応じて場合分けを行う.

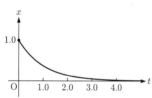

図 **2.21**　$\sqrt{\gamma^2 - \omega_0{}^2} = 0.1$, $\gamma = 1$ の場合. $x(t) = \dfrac{e^{-(1+0.1)t} + e^{-(1-0.1)t}}{2}$ になる.

- $\gamma^2 - \omega_0{}^2 > 0$

　$\lambda_\pm$ は実数なので $x(t)$ を描くことができ，指数関数的に変化することがわかる（図 2.21 参照）.

- $\gamma^2 - \omega_0{}^2 = 0$

　微分方程式 (2.13) の解の一つは $x(t) = ae^{-\gamma t}$ である. この解とは独立な別の解を $x_2(t) = u(t)e^{-\gamma t}$ とおいて求める. $x_2(t)$ を微分方程式 (2.13) に代入し，

$$\left(\gamma^2 e^{-\gamma t} u(t) - 2\gamma e^{-\gamma t}\frac{du(t)}{dt} + e^{-\gamma t}\frac{d^2 u(t)}{dt^2}\right)$$

$$+ 2\gamma \left(-\gamma e^{-\gamma t} u(t) + e^{-\gamma t}\frac{du(t)}{dt}\right) + \omega_0{}^2 e^{-\gamma t} u(t) = 0$$

$$e^{-\gamma t}\left(\frac{d^2 u(t)}{dt^2} - (\gamma^2 - \omega_0{}^2)u(t)\right) = 0$$

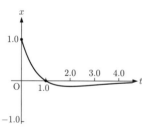

図 **2.22**　$\sqrt{\gamma^2 - \omega_0{}^2} = 0$, $\gamma = 1$ の場合. $x(t) = (1-t)e^{-t}$ になる.

整理すると[注24]，

$$e^{-\gamma t}\left(\frac{d^2 u(t)}{dt^2}\right) = 0$$

となる. したがって，$\dfrac{d^2 u(t)}{dt^2} = 0$ を満たす $u(t) = ct + d'$ を用いた $x(t) = (ct + d')e^{-\gamma t}$ が，もう一つの独立な解になる. ここで，c と d'

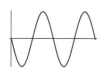

は積分定数である．したがって，一般解は

$$x(t) = (ct + d)e^{-\gamma t} \tag{2.17}$$

となる（図 2.22 参照）．ただし，$d = d' + a$ である．

- $\gamma^2 - \omega_0{}^2 < 0$

  $\lambda_\pm = -\gamma \pm i\sqrt{\omega_0{}^2 - \gamma^2}$ と書き換えると一般解は[注25]，

$$x(t) = e^{-\gamma t}\left(a'e^{i\sqrt{\omega_0{}^2-\gamma^2}t} + b'e^{-i\sqrt{\omega_0{}^2-\gamma^2}t}\right) \tag{2.18}$$

$$= e^{-\gamma t}\left(a\cos\left(\sqrt{\omega_0{}^2-\gamma^2}t\right) + b\sin\left(\sqrt{\omega_0{}^2-\gamma^2}t\right)\right)$$

となる（図 2.23 参照）．すなわち，角振動数 $\sqrt{\omega_0{}^2 - \gamma^2}$ で振動しながら，減衰定数 γ で振幅が減衰することがわかる．特に $\omega_0 \gg \gamma$ の場合が物理的に興味深い．すなわち，振動がゆっくりと減衰する場合を表すことができる．そのときの周波数は ω_0 で近似できる．

<u>強制振動</u>[注26]　次に，角振動数 ω_f で振幅 f[注27] の力が加わる場合を考えよう．考える微分方程式は

$$\frac{d^2x}{dt^2} + 2\gamma\frac{dx}{dt} + \omega_0{}^2x = f\sin\omega_f t \tag{2.19}$$

である．左辺は微分方程式 (2.13) と同じなので，ω_f 以外の角振動数で振動する成分は十分時間が経てば，ゼロになるはずである[注28]．したがって，$x(t) = a\sin(\omega_f t - \phi_0)$ が解になるはずである．ここで，a と ϕ_0 は定数である．微分方程式 (2.19) を満たすような a と ϕ_0 が見つかれば，解が得られたことになる．この $x(t)$ を式 (2.19) に代入すると，

$$\left(-a\omega_f{}^2\sin(\omega_f t - \phi_0)\right) + 2a\gamma\omega_f\left(\cos(\omega_f t - \phi_0)\right) + a\omega_0{}^2\sin(\omega_f t - \phi_0)$$
$$= f\sin\omega_f t$$

整理すると，

$$a\left(\omega_0{}^2 - \omega_f{}^2\right)\sin(\omega_f t - \phi_0) + 2a\gamma\omega_f\left(\cos(\omega_f t - \phi_0)\right) = f\sin\omega_f t$$

右辺の位相 $\omega_f t = (\omega_f t - \phi_0) + \phi_0$ と見なすと，

$$a\left(\omega_0{}^2 - \omega_f{}^2\right)\sin(\omega_f t - \phi_0) + 2a\gamma\omega_f\left(\cos(\omega_f t - \phi_0)\right)$$
$$= f\cos\phi_0\sin(\omega_f t - \phi_0) + f\sin\phi_0\cos(\omega_f t - \phi_0)$$

となる．すなわち，

$$a\left(\omega_0{}^2 - \omega_f{}^2\right) = f\cos\phi_0, \quad 2a\gamma\omega_f = f\sin\phi_0$$

となるように，a, ϕ_0 を決めれば良い．この二つの式を割り算すると，

$$\tan\phi_0 = \frac{2\gamma\omega_f}{\omega_0{}^2 - \omega_f{}^2}$$

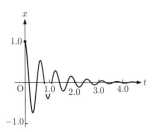

図 2.23　$\sqrt{\omega_0{}^2 - \gamma^2} = 10, \gamma = 1$ の場合．$x(t) = e^{-t}\cos 10t$ になる．

注 25　オイラーの公式 $e^{i\theta} = \cos\theta + i\sin\theta$ を用いる．

注 26　たとえば，重心移動によってブランコをだんだん大きく揺らすような現象．

注 27　f は周波数ではない．

注 28　ω_f で振動する運動のエネルギーが他の ω で振動する運動のエネルギーに変化することはない．

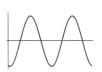

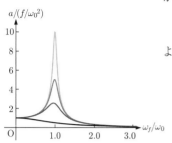

図 **2.24**　式 (2.20) を a を縦軸，ω_f を横軸にして，$\omega_0 = 1$，$\gamma = 0.05, 0.1, 0.2, 1$ の場合をプロットした．γ が小さくなるほど，ピークが鋭くなる．

注 **29**　外力がなければ減衰振動になる．減衰振動で表すことができる現象は多数存在する．

注 **30**　小さな子供がブランコを大きく揺らすことができないのは，式 (2.22) になるように体を動かすことができないからである．ブランコを上手にこげるように，このような数学を教える必要があるかも知れない？

が得られ a が消去できる．一方，$\cos^2 \phi_0 + \sin^2 \phi_0 = 1$，すなわち，

$$a^2 \left(\omega_0{}^2 - \omega_f{}^2\right)^2 + 4a^2 \gamma^2 \omega_f{}^2 = f^2$$

より，ϕ_0 を消去すると，

$$a = \frac{f}{\sqrt{(\omega_0{}^2 - \omega_f{}^2)^2 + 4\gamma^2 \omega_f{}^2}} \tag{2.20}$$

$$= \frac{f}{\sqrt{(\omega_f{}^2 - (\omega_0{}^2 - 2\gamma^2))^2 + 4\gamma^2(\omega_0{}^2 - \gamma^2)}} \tag{2.21}$$

が得られる．

ω_0 に対して γ が十分小さいときがしばしば起こる[注29]．このとき $\omega_0{}^2 > 2\gamma^2$ を満たすので，振幅 a は

$$\omega_f = \sqrt{\omega_0{}^2 - 2\gamma^2} \tag{2.22}$$

で最大になる[注30]．このように特定の周波数の外力に対して振幅が大きくなる現象は，共鳴であったことに注意すること．特に，$\omega_0 \gg \gamma$ ならば，$\omega_f \sim \omega_0$ のときに振幅が最大になる．また，そのとき $\phi_0 = \pi/2$ になる．

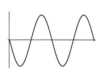

章末問題

問題 2.1♡　x 軸方向に進む正弦波がある．図 2.25 の実線は $t = 0$ s の波形を表し，$t = 0.10$ s にはじめて破線の波形となった．

(1)　この波の振幅 A〔m〕，波長 λ〔m〕，速さ v〔m/s〕をそれぞれ求めよ．

(2)　この波の周期 T〔s〕，振動数 f〔Hz〕をそれぞれ求めよ．

(3)　$t = 1.0$ s における y-x グラフを描け．

(4)　$x = 0.0$ m における y-t グラフを描け．

(5)　$x = 2.0$ m における y-t グラフを描け．

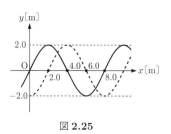

図 2.25

問題 2.2♡　図 2.26 は，x 軸方向に速さ 4.0 m/s で伝わる正弦波の，原点 O $(x = 0$ m$)$ での媒質の変位の時間変化を図示したものである．

(1)　この波の振幅 A〔m〕，周期 T〔s〕，振動数 f〔Hz〕，波長 λ〔m〕をそれぞれ求めよ．

(2)　$t = 0.0$ s における y-x グラフを描け．

(3)　$x = 2.0$ m における y-t グラフを描け．

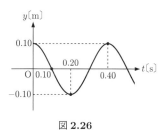

図 2.26

問題 2.3♡　図 2.27 は，x 軸方向に速さ 4.0 m/s で伝わる正弦波の $t = 0.0$ s での波形を表したものである．

(1)　この波の周期 T〔s〕を求めよ．

(2)　$t = 0.0$ s における波形を式で示せ．

(3)　$x = 0.0$ m の媒質の変位 y〔m〕を時刻 t〔s〕を用いて表せ．

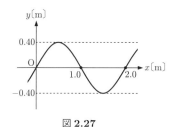

図 2.27

問題 2.4♡　図 2.28 は，x 軸方向に伝わる縦波の，ある時刻 t〔s〕における媒質の各点の変位を横波表示したものである．次のそれぞれに当てはまる媒質の点はどこか，当てはまる点を図の A ～ I の記号ですべて答えよ．

(1)　もっとも密な点．

(2)　もっとも疎な点．

(3)　速度が 0 m/s の点．

(4)　速度が x 軸の正の向きに最大となる点．

(5)　速度が x 軸の負の向きに最大となる点．

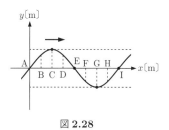

図 2.28

問題 2.5♡　二つの正弦波 A，B の位置 x〔m〕，時刻 t〔s〕における変位はそれぞれ，

正弦波 A　：　$y_1 = (2.0 \text{ m}) \cdot \sin 2\pi\{(2 \text{ m}^{-1}) \cdot x + (4 \text{ Hz}) \cdot t\}$

正弦波 B　：　$y_2 = (2.0 \text{ m}) \cdot \sin 2\pi\{(2 \text{ m}^{-1}) \cdot x - (4 \text{ Hz}) \cdot t\}$

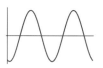

と表されるものとする.

(1) x 軸方向に進む波は正弦波 A と B のどちらか.

(2) 正弦波 A と B の振幅, 波長, 周期は等しい. これらの振幅, 波長, 周期をそれぞれ求めよ.

(3) 合成波 $y = y_1 + y_2$ を求めよ.

(4) 合成波は定常波となる. この定常波の隣り合う腹と腹の距離を求めよ.

(5) この定常波の周期を求めよ.

問題 2.6◇　図 2.29 のような入射波が速度 -1.0 m/s で進んでおり, y 軸上にある境界面で反射する. 図は $t = 0$ s の入射波を描いたものである. 次のそれぞれの場合について, 入射波と反射波との合成波の変位を求めよ.

(1) y 軸の位置で波が自由端反射する場合.

   (a) $t = 3$ s での入射波, 反射波および入射波と反射波の合成波を描け.

   (b) $t = 5$ s での入射波, 反射波および入射波と反射波の合成波を描け.

(2) y 軸の位置で波が固定端反射する場合.

   (a) $t = 3$ s での入射波, 反射波および入射波と反射波の合成波を描け.

   (b) $t = 5$ s での入射波, 反射波および入射波と反射波の合成波を描け.

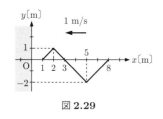

図 2.29

問題 2.7◇　媒質中を正弦波が速度 1.0 m/s で進み, 壁 A で反射する. 図 2.30 は入射波と反射波が媒質に十分に広がったときの, 入射波だけを描いたものである.

(1) 壁 A での反射が自由端反射である場合.

   (a) 3.0 s 後の入射波, 反射波および入射波と反射波の合成波を描け.

   (b) 6.0 s 後の入射波, 反射波および入射波と反射波の合成波を描け.

(2) 壁 A での反射が固定端反射である場合.

   (a) 3.0 s 後の入射波, 反射波および入射波と反射波の合成波を描け.

   (b) 6.0 s 後の入射波, 反射波および入射波と反射波の合成波を描け.

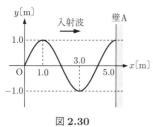

図 2.30

問題 2.8◇　図 2.31 のように, 広くて深さが一様な水面上 2 点 A, B に波源をおき, これらを同じ位相で振動させて波を送り出している. 図 2.31 は, ある瞬間の波の山（濃い灰色線）と谷（淡い灰色線）の波面を表したものである.

(1) 線分 AB（点 A, B を除く）上で, 波源 A, B からの波の位相の差が π の奇数倍になる点はいくつできるか.

(2) 図の点 P, Q, R, S のうち, 波源 A, B からの波の位相の差が π の偶数倍になる点はどれか, すべて答えよ.

(3) 図の点 P, Q, R, S のうち, 波源 A, B からの波の位相の差が π の奇

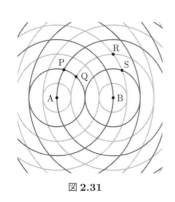

図 2.31

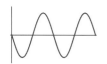

数倍になる点はどれか，すべて答えよ.

(4) もし，波源 A，B の振動が逆位相であるならば，図の点 P，Q，R，S のうち波源 A，B からの波の位相の差が π の偶数倍になる点はどれか，すべて答えよ.

問題 2.9◇　媒質 I から媒質 II へ進む平面波の波面が**図 2.32** のように変化した．この波は媒質 I において波長 $\lambda_1 = 1.4$ m，振動数 $f_1 = 20$ Hz である．なお，以下の問いに対しては $\sqrt{2} = 1.4$，$\sqrt{3} = 1.7$ として求めよ.

(1) 媒質 I での波の速さ v_1〔m/s〕を求めよ.

(2) 媒質 I に対する媒質 II の屈折率を求めよ.

(3) この波の媒質 II での波長 λ_2〔m〕，振動数 f_2〔Hz〕をそれぞれ求めよ.

(4) 媒質 II での波の速さ v_2〔m/s〕を求めよ.

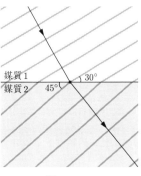

図 2.32

─◆──────────────── 物質波 ────────────────◆─

注**31** 高校で物理を勉強した人で
ド・ブロイ波の記憶がない人は,
勉強をサボっていたということ
になります. うっかり知らない
とは言わない方が良いでしょう.

注**32** h はプランク定数です.

注**33** 水面波がその波長と同程度
以下のモノを素通りしてしまう
のは, 簡単に観察することがで
きます.

注**34** 顕微鏡がどれぐらい小さな
ものを見ることができるか示す
能力.

注**35** 速度の小さな電子.

注**36** 思考実験とは, 実現する
ことに関する困難さは考慮せず
に, 理想的な条件の下でどのよ
うなことが起こるかを考えるこ
とです.

注**37** このような低温に到達する
ことは, とても大変です.

注**38** ド・ブロイ波長の式を参照
してください.

注**39** 分子になることを妨げるた
めに, 電子のスピンの向きを揃
える必要がありました.

注**40** 筆者が所属していた研究室
でも実現に向けた研究を行って
いましたが, 結局は成功しませ
んでした.

ド・ブロイ波という言葉[注31]を聞いたことがある読者も多いと思います. 質量 m の粒子が速さ v で運動しているとき, その粒子は波長 λ (ド・ブロイ波長) が

$$\lambda = \frac{h}{mv}, \quad h = 6.626 \times 10^{-34} \text{ J} \cdot \text{s}$$

となる波[注32]とみなせますが, その波のことです. ド・ブロイ波は物質波ともいいます.

光を使って「モノを見る」ということは, モノに当たって反射した光を捉えるということなので, 光を反射しないモノは見ることができません. したがって, 光が回折によって後ろに回り込んでしまうような小さなモノは見ることができず[注33], 光学顕微鏡の分解能[注34]は光の波長によって決まります. さて, 電子を使ってモノを見る電子顕微鏡にも同じことがいえます. 光学顕微鏡と違うのは, 電子を加速することによってド・ブロイ波の波長を短くすることができることです[1]. 原子を見ることができる電子顕微鏡では, 1.2×10^6 V もの高電圧で電子を加速するものもあります. 一方, ド・ブロイ波長の長い電子[注35]を使って, 光と同様の2重スリットの実験を行うこともできます[2](9.4節参照). ファインマンは, この実験を思考実験[注36]として提案しましたが, 技術の進歩のおかげで「実験」になってしまいました. 人間の想像(創造?)力は本当に「すごい」と筆者は思います.

ド・ブロイ波長の長い原子が多数集まったとしましょう. これらの原子のド・ブロイ波は重なり合い, 一つの巨大な波ができることがあります. ただし, 電子と異なって原子は質量が大きいので, v がよっぽど小さくないとこのような現象は起きません. このときの原子の持つエネルギーを温度に換算すると, マイクロ・ケルビン程度またはそれ以下の温度になります[注37]. この現象は 1925 年にアインシュタインによって予言され[3], ボーズ・アインシュタイン凝縮 (BEC) と呼ばれています. また, ミクロな世界の物理学である量子力学が, マクロな世界でも支配的な役割を果たす巨視的量子現象の例としても重要です. 1995 年に, コロラド大学 JILA の研究グループは ^{87}Rb で, マサチューセッツ工科大学 (MIT) の研究グループは ^{23}Na で, 希薄な中性アルカリ原子気体の BEC を実現させました. これらの研究によって, コーネル, ワイマン, ケターレが 2001 年のノーベル物理学賞を受賞しています[4]. 今でも, この BEC は物性研究の理想的な実験環境として注目され, 活発な研究がされています.

はじめ, BEC を実現するための原子としてもっとも軽い原子である水素原子が有力視されていました[注38]. ただ, 水素原子はそのままだと分子になってしまうので工夫が必要で[注39], その実現は中性アルカリ原子気体の BEC 実現から 3 年遅れた 1998 年になってしまいました. BEC を実現するために必要な「蒸発冷却」という技術は, 水素原子の BEC を実現した MIT のクレップナーとグレイタックのグループによって開発されたものだったので, さぞ, このグループの人たちは悔しい思いをしたことだろうと思います[注40].

化学者と物理学者が話をすると,

> 化学者は物質に固執し, 物理学者は波に固執する

とお互いに呆れます. 物理学者はあまりにも「波」に固執するので, 物質でさえ「波」にしてしまいました. 物理学者の執念に敬意を払いましょう.

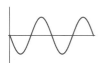

参照文献

[1] 川崎 猛ら, "1.2 MV 原子分解能・ホログラフィー電子顕微鏡の開発", 顕微鏡 **51** No. 2 (2016) pp. 122〜126.

[2] C. Jönsson, "Elektroneninterferenzen an mehreren künstlich hergestellten Feinspalten", Z. Physik (1961) **161**: 454 [注41].

[3] A. Einstein, Sitzungsber. Kgl. Preuss. Akad. Wiss., **261** (1924), 3 (1925) に出版されたようですが, ネットを経由して取得することはできませんでした. しかしながら, https://www.uni-muenster.de/imperia/md/content/physik_ap/ demokritov/mbecfornonphysicists/einstein_1924_1925.pdf にありました.

[4] 大見 哲巨, "中性アルカリ原子気体のBEC : Cornell, Ketterle, Wieman の ノーベル賞受賞によせて", 物性研究 (2002), **78**(1): 80-90, http://hdl.handle.net/2433/97200

注41 ドイツの学術誌です.

3 音

音を例として，干渉，固有振動，共鳴，などの様々な波に特有な現象を学ぶ．

3.1　音の特徴 ♡

空気中でモノが振動すると，そのモノに接した空気は膨張・圧縮する．この膨張（疎）・圧縮（密）は波として空気中を伝播し，**音**と言われる．このような疎密波は，気体，液体そして固体中でも起こる．音の速さは，気体中がもっとも遅く，固体中がもっとも速い．液体中はその中間である．また，物質の種類によっても音速は異なる．真空中では媒質が存在しないので，音は伝播しない．

空気中の音の速さ（音速）$V\,[\text{m/s}]$ は，温度 $t\,[^\circ\text{C}]$ には依存するが振動数や波長に関係なく以下の式で与えられる．

$$V = (331.5\ \text{m/s}) + \{0.6\ \text{m/(s} \cdot {}^\circ\text{C)}\} \cdot t \tag{3.1}$$

音には，それを特徴付ける三つの要素（**音の3要素**）がある．

- **音の高さ**

  音の高さはその音の周波数に対応している．周波数が大きいと音は高いという．人が聞くことができる音の周波数は $20 \sim 20000$ Hz で[注1]，それより高い周波数の音は**超音波**と言われている．

- **音の大きさ**

  音の大きさは疎密波としての振幅の大きさに対応する．

- **音色**

  音色の違いは波形の違いに対応している．

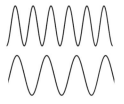

図 3.1　音の高さの違い．

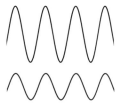

図 3.2　音の大きさの違い．

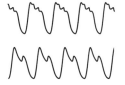

図 3.3　音の音色の違い．

例題 3.1

雷の稲光が見えてから雷鳴が轟くまでの時間が短いと，雷が近いことがわかる．その理由を簡単に説明せよ．

解　稲光は光速で伝わる．一方雷鳴は音なので，音速で伝わる．稲光

と雷鳴の到達時間の差は事実上雷鳴が音源から観測者に到達するために必要な時間である．したがって，雷鳴が達するために必要な時間が短いということは雷が近いことを意味している．

3.2　音の反射，屈折，干渉，回折♡

音は波の一種なので，反射，屈折，干渉，そして回折を起こす．

例題 3.2　音の反射，屈折，干渉，そして回折の例を挙げよ．

解　以下の例が挙げられる．

- 反射

  やまびこや超音波を使った距離計（超音波が戻ってくるまでの時間から距離を測定）．

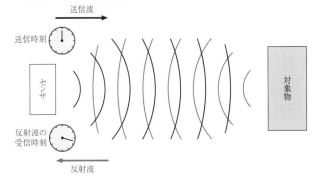

- 屈折

  遠くの音の聞こえ方が昼と夜で違うこと．

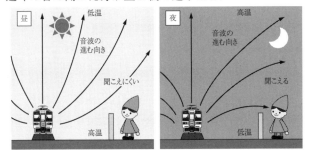

- 干渉

  ノイズ・キャンセリング・ヘッドフォンや遮音壁における消音．

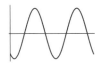

- 回折

  窓を少し開けると外の音が回り込んでくること.

音は部屋の内側
にまわりこむ

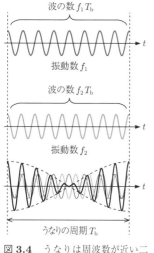

波の数 $f_1 T_{\rm b}$

振動数 f_1

波の数 $f_2 T_{\rm b}$

振動数 f_2

うなりの周期 $T_{\rm b}$

図 3.4　うなりは周波数が近い二つの音の干渉によって起こる.

少しだけ異なった振動数 f_1〔Hz〕と f_2〔Hz〕の二つの音叉を同時に鳴らすと, 音の大小が周期的に繰り返される. この現象を**うなり**という. 音が大きくなってから次に大きくなるまでの時間を**うなりの周期** $T_{\rm b}$〔s〕という. 図3.4に図示されているように, $T_{\rm b}$ の間の二つの音の波の数の差は 1 である. すなわち, 以下の関係が成り立つ.

$$|f_1 - f_2| \cdot T_{\rm b} = 1 \tag{3.2}$$

例題 3.3　周波数 1000 Hz で振動する音叉の横で, 別の音叉を振動させると周期 0.50 s のうなりが生じた. 別の音叉の振動数を求めよ.

解　うなりの振動数は $\dfrac{1}{0.50\ \rm s} = 2.0$ Hz である. よって, 別の音叉の振動数を f〔Hz〕とおくと, $|1000\ {\rm Hz} - f| = 2.0$ Hz より, $f = 998$ Hz または 1002 Hz であることがわかる.

3.3　物体の振動 ◇

様々な物体はその物体固有の振動を行うことがある. ここで固有の振動とは振動の与え方に依存せず[注2], 振動をはじめた後は同じ振動を行う. この

注2　太鼓は演奏者が異なってもほぼ同じ音が出る. ただし, 音楽としての芸術性は別である.

ような物体固有の振動のことを**固有振動**といい，その振動数を**固有振動数**という．

例題 3.4 固有振動を行う物体の例を挙げよ．

解
- 音叉
- ハープなどの弦楽器の弦
- フルートなどの管楽器の中の空気
- ビルなどの建造物
  ビルの固有振動と地震の揺れの周期が合致すると建物に大きな被害を及ぼす．

3.4 弦の固有振動◇

弦は弾力を持つひも状の物体を引っ張った上で，その両端を固定したものである．弦をはじくと波が発生する．その波は固定された両端で何度も反射する．固定端で節とならない波長の多数の反射波はお互いに干渉して消えてしまう．言い換えると，この波が長時間存在するためには図 3.5 のように弦の両端で節にならなければならない．

弦の長さを l〔m〕とし，定常波（定在波ともいう）の波長を λ〔m〕とすると [注3]，

$$m\frac{\lambda}{2} = l \tag{3.3}$$

が両端で節になるための条件である．ここで，m は自然数である．この m に応じた波長を λ_m〔m〕，その波長に対応した振動数を f_m〔Hz〕とすると，

$$f_m\lambda_m = v \tag{3.4}$$

となる．ただし，v〔m/s〕は弦を伝わる波の速さである．弦にかかっている張力 F_t〔N〕が大きいほど，また弦の単位長さあたりの質量 ρ〔kg/m〕が小さいほど，その弦を伝わる波の速さは速くなり [注4]，

$$v = \sqrt{\frac{F_t}{\rho}} \tag{3.5}$$

となることが知られている．式 (3.4) において $m = 1$ のときの振動を**基本振動**といい，そのときに生じる音を**基本音**という．$m = 2, 3, \ldots$ の場合はそれぞれ **2 倍振動**，**3 倍振動**，$\ldots$ といい，そのときに生じる音を **2 倍音**，**3 倍音**，$\ldots$（総称して倍音）という．弦を振動させたとき，基本音だけでなく倍音も発生し，その倍音の混ざり方が音色を決定する．

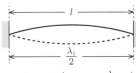

(a) 基本振動 $\left(m=1,\ l=\frac{\lambda_1}{2}\times 1\right)$

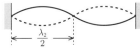

(b) 2倍振動 $\left(m=2,\ l=\frac{\lambda_2}{2}\times 2\right)$

(c) 3倍振動 $\left(m=3,\ l=\frac{\lambda_3}{2}\times 3\right)$

図 3.5 弦の固有振動．弦の両端では固定端になる．

注 3 節と節の間隔は $\frac{\lambda}{2}$ である．
ギターなどで弦を押さえるのは，実効的な弦の長さを変えて，音の高さを変えるためである．

注 4 第 2 章の最後の「波動方程式」を参照のこと．

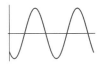

例題 3.5　長さ 1.0 m の弦の振動から発生する音を電気信号に変換して観察したところ，基本音の周波数は 2.0×10^2 Hz であった．

(1)　弦を伝わる波の速さはいくらか．

(2)　糸の張力を 5.0×10 N とすると，弦の線密度はいくらか．

解　(1) 弦の波の速さを v〔m/s〕とすると $v = f\lambda$ で，基本音のときは $\lambda = 1.0$ m $\times 2 = 2.0$ m となるので，

$$v = (2.0 \times 10^2 \text{ Hz}) \times 2.0 \text{ m} = 4.0 \times 10^2 \text{ m/s}.$$

(2)　弦の線密度を ρ とすると，$v = \sqrt{\dfrac{F_\text{t}}{\rho}}$ なので

$$\rho = \frac{F_\text{t}}{v^2} = \frac{5.0 \times 10 \text{ N}}{(4.0 \times 10^2 \text{ m/s})^2} = 3.1 \times 10^{-4} \text{ kg/m}.$$

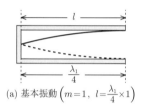

(a) 基本振動 $\left(m=1,\ l=\dfrac{\lambda_1}{4} \times 1\right)$

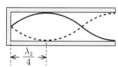

(b) 3倍振動 $\left(m=2,\ l=\dfrac{\lambda_2}{4} \times 3\right)$

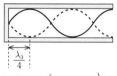

(c) 5倍振動 $\left(m=3,\ l=\dfrac{\lambda_3}{4} \times 5\right)$

図 3.6　閉管における定常波．上から基本振動，3 倍振動，5 倍振動である．

注 5　$f\lambda = V$ を思い出すこと．

3.5　気柱の固有振動◇

　管楽器は楽器（管と近似できる）の中にある空気（**気柱**）が固有振動することによって，音を出している．管には一端が閉じた**閉管**と両端とも開いた**開管**の 2 種類ある．

　閉管の固有振動　閉じた端で空気の変位はゼロなので，音は固定端反射を行う．一方，開いた端では空気は自由に動けるので，自由端反射を行う．このような条件の下で，もっとも波長が長い定常波は，図 3.6 (a) のようになる．このとき，波長の 1/4 が閉管の長さ l〔m〕になる．このときの波長を λ_1〔m〕と書くことにする．したがって，

$$\frac{1}{4}\lambda_1 = l \tag{3.6}$$

となり，これが基本振動になる．基本振動の周波数 f_1〔Hz〕は

$$f_1 = \frac{V}{4l} \tag{3.7}$$

となる ^{注5}．ここで V〔m/s〕は音速である．次に波長が短い定常波は，図 3.6(b) のようになる．同様に考えると，

$$\frac{3}{4}\lambda_2 = l, \qquad f_2 = \frac{V}{(4l/3)} \tag{3.8}$$

が得られる．一般に，m を自然数として，m 番目の振動は，

$$\frac{2m-1}{4}\lambda_m = l, \qquad f_m = \frac{2m-1}{4l}V \tag{3.9}$$

となる．

開管の固有振動　開管では，その両端における反射は自由端反射である．このような条件の下で，もっとも波長が長い定常波は，図 3.7 (a) のようになる．このとき，波長の 1/2 が開管の長さ l〔m〕になる．このときの波長を λ_1〔m〕と書くことにする．したがって，

$$\frac{1}{2}\lambda_1 = l \tag{3.10}$$

となり，これが基本振動になる．基本振動の周波数 f_1〔Hz〕は

$$f_1 = \frac{V}{2l} \tag{3.11}$$

となる．次に波長が短い定常波は図 3.7(b) のようになる．同様に考えると，

$$\frac{2}{2}\lambda_2 = l, \qquad f_2 = \frac{V}{l} \tag{3.12}$$

が得られる．一般に，m を自然数として，m 番目の振動は，

$$\frac{m}{2}\lambda_m = l, \qquad f_m = \frac{m}{2l}V \tag{3.13}$$

となる．

気柱の振動では，開口端にできる定常波の腹は管の端よりも少し外側にある．図 3.8 のように，**開口端補正**を考慮して気柱の長さを考える必要がある．

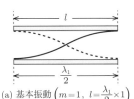

(a) 基本振動 $\left(m=1,\ l=\frac{\lambda_1}{2}\times 1\right)$

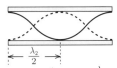

(b) 2倍振動 $\left(m=2,\ l=\frac{\lambda_2}{2}\times 2\right)$

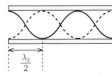

(c) 3倍振動 $\left(m=3,\ l=\frac{\lambda_3}{2}\times 3\right)$

図 3.7　開管における定常波．上から基本振動，2 倍振動，3 倍振動である．

例題 3.6　管の一端にスピーカを置き，5.0×10^2 Hz の音を出しながら，ピストンをゆっくりと移動させた．ピストンが管の端から 1.5×10^{-1} m のときと 4.9×10^{-1} m のときに，この気柱は共鳴した．この音の速さと開口端補正を求めよ．

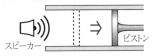

スピーカー　　ピストン

解　1.5×10^{-1} m と 4.9×10^{-1} m のときに共鳴したので，音の波長 λ〔m〕は，

$$\lambda = (4.9 \times 10^{-1}\ \text{m} - 1.5 \times 10^{-1}\ \text{m}) \times 2 = 6.8 \times 10^{-1}\ \text{m}$$

である．よって，周波数は $f = 5.0 \times 10^2$ Hz なので，音の速さ v は，

$$v = f\lambda = (5.0 \times 10^2\ \text{Hz}) \times (6.8 \times 10^{-1}\ \text{m}) = 3.4 \times 10^2\ \text{m/s}$$

である．また，開口端補正は，以下の式で与えられる．

$$\frac{6.8 \times 10^{-1}\ \text{m}}{4} - 1.5 \times 10^{-1}\ \text{m} = 2 \times 10^{-2}\ \text{m}$$

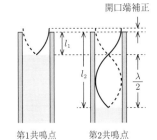

開口端補正

第1共鳴点　　第2共鳴点

図 3.8　開口端補正．同じ周波数の音でも共鳴する気柱の長さは複数ある．ここで，第 1 共鳴点（基本振動）と第 2 共鳴点（3 倍振動）の差が，その音の波長の半分になる．

物体は，その固有振動数に等しい振動数の周期的な力を受けると大きく振動する．この現象を**共振**または**共鳴**という．たとえば，図 3.9 のように，音

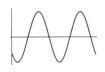

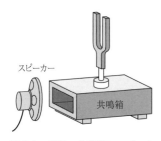

図 3.9 音叉の共鳴箱にスピーカを取り付けて，様々な周波数の音を音叉の共鳴箱に入射できるようにする．

叉の共鳴箱にスピーカを取り付け共鳴箱に音を入射させる．スピーカから出す音の周波数が音叉の周波数と同じになると音叉は大きく動く．

3.6　ドップラー効果♡

　音源や観測者が動いている場合には，音源の振動数と異なった振動数の音が観測される．この現象を**ドップラー効果**という．

　観測者が動く場合　図3.10に示すように，静止した音源から出た振動数 f〔Hz〕で音速 V〔m/s〕の音は，t〔s〕後には前方 Vt の位置に達している．この間に出た波の数は ft である．ここで，観測者が音源から速度 v_O〔m/s〕[注6]で遠ざかる場合を考える．観測者を通過する波の数は，図3.10 からわかるように

$$f' = \frac{(V - v_O)t}{Vt} f = \frac{V - v_O}{V} f \tag{3.14}$$

となる．音の波長の変化はないことに注意すること．音源に近づく観測者が観測する音の波長と周波数は v_O が負の値を取ることにすれば，上の式を用いることができる．

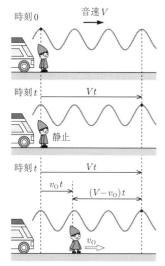

図 3.10　観測者が動く場合．振動数 f〔Hz〕の音を出す静止した音源が t〔s〕間に出す波の数は ft である．しかしながら，音源から遠ざかる観測者を通過する波の数はそれよりも少ない．

注6　添字の O は observer（観測者）を意味する．

> **例題3.7**　1.0×10^3 Hz の音を出している音源の側を 9.0×10^1 km/h で自動車が通り過ぎた．この自動車に乗っている人が音源の側を通過する前と後での観測する音の周波数をそれぞれ求めよ．ただし，音速を 3.40×10^2 m/s とする．
>
> **解**　9.0×10^1 km/h は 2.5×10^1 m/s である．
>
> - 音源の側を通過する前
>   観測者は音源に近づくことになる．観測される周波数は，
> $$\frac{(3.40 \times 10^2 \text{ m/s}) + (2.5 \times 10^1 \text{ m/s})}{3.40 \times 10^2 \text{ m/s}} \times (1.0 \times 10^3 \text{ Hz})$$
> $$= 1.1 \times 10^3 \text{ Hz}.$$
>
> - 音源の側を通過した後
>   観測者は音源から遠ざかることになる．観測される周波数
> $$\frac{(3.40 \times 10^2 \text{ m/s}) - (2.5 \times 10^1 \text{ m/s})}{3.40 \times 10^2 \text{ m/s}} \times (1.0 \times 10^3 \text{ Hz})$$
> $$= 9.3 \times 10^2 \text{ Hz}.$$

　音源が動く場合　図3.11に示すように，振動数 f の音を出す音源がA点にいたときに出た音は，t後にAを中心とした半径 Vt の球状の波面を作り

C 点と D 点に到達する. 一方 t 後に, 速度 v_S〔m/s〕[注7] で音源は B 点まで移動している. ここでは, $v_S > 0$ m/s で音源が観測者に近づく場合を考える. この移動の間に音源は ft の波を出している. この波は音源の進行方向では $\overline{\mathrm{BC}} = (V - v_S)t$ の間にあるので, その波長 λ'〔m〕は[注8]

$$\lambda' = \frac{(V - v_S)t}{ft} = \frac{V - v_S}{f} \tag{3.15}$$

となる. 観測者が観測する周波数 f' の音の音速も V であるから[注9],

$$f' = \frac{V}{\lambda'} = \frac{V}{V - v_S}f \tag{3.16}$$

となる. 音源が観測者から遠ざかる場合は v_S が負の値をとることにすれば, 上の式を用いることができる.

注7 添字の S は source (音源) を意味する.

注8 以下の式を暗記するのではなく,「救急車が近づくときと遠ざかるときの音の変化の実体験」と結びつけて図 3.11 を理解すること.

注9 音速は媒質によって決まり, 音源の速度には依存しない.

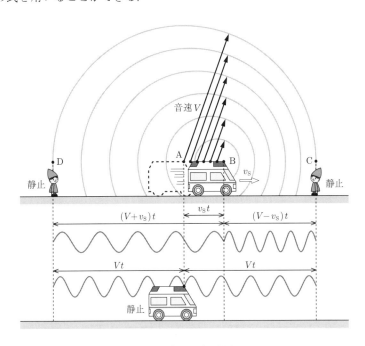

図 **3.11** 音源が動く場合.

例題 3.8 自動車が直線道路を速さ 9.0×10^1 km/h で 1.0×10^3 Hz の音を出しながら走っている. 自動車の前方と後方にいる人が聞くこの音の周波数をそれぞれ求めよ. ただし, 音速を 3.40×10^2 m/s とする.

解 9.0×10^1 km/h は 2.5×10^1 m/s である.

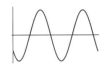

- 観測者が前方にいる場合

    観測される音の周波数は,
    $$\frac{3.40 \times 10^2 \text{ m/s}}{(3.40 \times 10^2 \text{ m/s}) - (2.5 \times 10^1 \text{ m/s})} \times 1.0 \times 10^3 \text{ Hz}$$
    $$= 1.1 \times 10^3 \text{ Hz}.$$

- 観測者が後方にいる場合

    観測される音の周波数は,
    $$\frac{3.40 \times 10^2 \text{ m/s}}{(3.40 \times 10^2 \text{ m/s}) + (2.5 \times 10^1 \text{ m/s})} \times 1.0 \times 10^3 \text{ Hz}$$
    $$= 9.3 \times 10^2 \text{ Hz}.$$

音源と観測者が両方動く場合　音源が動くことによって変化した周波数の音を, 動いている観測者が観測すると考えれば良い. したがって, 式 (3.16) によって得られる f' を式 (3.14) の f に代入すれば良い. すなわち, このとき観測者が観測する周波数は,

$$f' = \frac{V - v_O}{V} \left(\frac{V}{V - v_S} f \right) = \frac{V - v_O}{V - v_S} f \tag{3.17}$$

となる. ここで, v_O と v_S の正負は音と同じ向きに音源や観測者が動く場合に正とし, 反対向きに動く場合を負とする.

例題 3.9　自動車 A が直線道路を速さ 9.0×10^1 km/h で 1.0×10^3 Hz の音を出しながら走っている. 同じ速さで反対向きに走っている自動車 B がある. 自動車 B に乗っている人がすれ違う前後に観測する音の周波数を求めよ. ただし, 音速を 3.40×10^2 m/s とする.

解　9.0×10^1 km/h は 2.5×10^1 m/s である.
- すれ違う前

    観測される音の周波数は,
    $$\frac{(3.40 \times 10^2 \text{ m/s}) - (-2.5 \times 10^1 \text{ m/s})}{(3.40 \times 10^2 \text{ m/s}) - (2.5 \times 10^1 \text{ m/s})} \times 1.0 \times 10^3 \text{ Hz}$$
    $$= 1.2 \times 10^3 \text{ Hz}.$$

- すれ違った後

    観測される音の周波数は,
    $$\frac{(3.40 \times 10^2 \text{ m/s}) - (2.5 \times 10^1 \text{ m/s})}{(3.40 \times 10^2 \text{ m/s}) - (-2.5 \times 10^1 \text{ m/s})} \times 1.0 \times 10^3 \text{ Hz}$$
    $$= 8.6 \times 10^2 \text{ Hz}.$$

3.7 さまざまなドップラー効果◇

動く反射板によるドップラー効果 図 3.12 に示すように，音源から出た周波数 f〔Hz〕の音を一度反射板に当てて，反射した音を聞く場合を考える．反射板の移動速度を v_R〔m/s〕とする．ただし，音の進行方向と反射板の進行方向は一致しているものとする．式 (3.14) より反射板には

$$f_R = \frac{V - v_R}{V} f$$

の周波数の音が到達する．反射板ではこの周波数の音が反射され，観測者にとっての音源になる．この音源が観測者から速さ v_R で遠ざかることになるので[注10]，式 (3.16) より観測者が聞く音の周波数 f'〔Hz〕は，以下のようになる．

$$f' = \frac{V}{V + v_R} f_R = \frac{V - v_R}{V + v_R} f$$

斜め方向のドップラー効果 図 3.13 に示すように，音源の移動する方向に観測者がおらず斜め方向にいる場合には，音源と観測者を結ぶ方向の速度成分を音源の速度として，式 (3.16) を適用すれば良い．すなわち，観測者が観測する音の周波数 f'〔Hz〕は以下のようになる．

$$f' = \frac{V}{V - v_S \cos\theta} f$$

風がある場合のドップラー効果 図 3.14 に示すように，音速が風上に向かう場合と風下に向かう場合で異なると考えれば良い．この音速を式 (3.14) と式 (3.16) に代入すれば良い．

3.8 正弦波のうなり◇

二つのスピーカ 1 と 2 が $x = 0$ m の位置にあり，それぞれが発生する音の振幅は同じで A〔m〕とする．また，周波数は f〔Hz〕と $f + \Delta f$〔Hz〕とわずかに異なっている．スピーカ 1 と 2 から出る音による x〔m〕，t〔s〕における変位をそれぞれ $f_1(x, t)$〔m〕，$f_2(x, t)$〔m〕とすると，$x = 0$ m における二つの波の変位は

$$f_1(0\text{ m}, t) = A \sin 2\pi \left(\frac{0\text{ m}}{\lambda} - ft \right)$$

$$f_2(0\text{ m}, t) = A \sin 2\pi \left(\frac{0\text{ m}}{\lambda'} - (f + \Delta f)t \right)$$

である．これらを足し合わせると，

図 3.12 音源から出た音を遠ざかっている反射板に当てて，反射した音を聞く．

注10 音源（反射板）は速度 $-v_R$ で近づく．

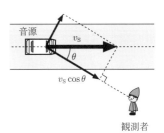

図 3.13 動いている音源の斜め方向に観測者がいる場合のドップラー効果．

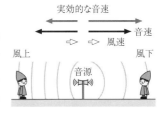

図 3.14 風がある場合のドップラー効果．黒矢印を音速，白抜矢印を風速とすると，実効的な音速は灰色矢印である．

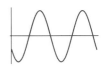

$$f_1(0 \text{ m}, t) + f_2(0 \text{ m}, t) = A \sin 2\pi \left(-ft\right) + A \sin 2\pi \left(-(f + \Delta f)t\right)$$

$$= -2A \sin 2\pi \left(f + \frac{\Delta f}{2}\right) t \cdot \cos 2\pi \frac{\Delta f}{2} t$$

$$= -\left(2A \cos 2\pi \frac{\Delta f}{2} t\right) \sin 2\pi \left(f + \frac{\Delta f}{2}\right) t$$

注11 音の振幅ではなく, 音のエネルギーを音の大きさとする方が適切であろう.

となる. この場所での音のエネルギー（大きさ）[注11] は $\left(-2A \cos 2\pi \dfrac{\Delta f}{2} t\right)^2$ に比例して, ゆっくりと変化する.

$$\left(-2A \cos 2\pi \frac{\Delta f}{2} t\right)^2 = 2A^2 \left(1 + \cos 2\pi \Delta f t\right)$$

注12 $\cos^2 \theta = \dfrac{1}{2}(1 + \cos 2\theta)$ である.

なので[注12], 音の大きさの時間変化の周波数は Δf であることがわかる.

章末問題

以下では，特に指定がなければ，音速は 340 m/s として計算すること．

問題 3.1$^\heartsuit$　図 3.15 は，さまざまな音の波形を調べたものである．横軸は時間で，縦軸は変位の大きさを表す．スケールは (a)～(d) で同じである．

(1) 図 3.15 の (a) と (b) の違いは何か．

(2) 図 3.15 の (a) と (c) の違いは何か．

(3) 図 3.15 の (a) と (d) の違いは何か．

問題 3.2$^\heartsuit$　音叉 A を振動数 260 Hz の音叉 B とともに鳴らすと毎秒 1 回のうなりが生じ，振動数 264 Hz の音叉 C とともに鳴らすと毎秒 3 回のうなりが生じた．音叉 A の振動数はいくらか．

問題 3.3$^\diamond$　図 3.16 のように，糸の一端を音叉につけて，なめらかな滑車を通して他端におもりをつるす．この状態で音叉を振動させたところ，腹が 3 個の定常波ができた．音叉から滑車までの距離を 1.2 m，このときの弦を伝わる波の速さを 48 m/s とする．

(1) この音叉の振動数 f_1〔Hz〕を求めよ．

(2) おもりの質量および音叉の振動数は変えずに，糸の端と滑車との間の長さを大きくすることによって腹が 4 個の定常波を作りたい．音叉から滑車までの距離をいくらにすればよいか．

(3) 音叉から滑車までの距離を 1.2 m に戻して，おもりの質量および音叉から滑車までの距離は変えずに，音叉の振動数を変えることによって腹が 4 個の定常波を作りたい．このときの音叉の振動数 f_2〔Hz〕はいくらにすればよいか．

(4) 音叉の振動数を f_1 に戻して，音叉から滑車までの距離および音叉の振動数は変えずに，おもりの質量を変えることによって腹が 2 個の定常波を作りたい．はじめに吊るしていたおもりの質量の何倍の質量を吊せばよいか．

問題 3.4$^\diamond$　ピストンをはめた細長い管がある．図 3.17 のように x 軸をとり，管口の位置を原点 O とする．音叉を管口の近くで鳴らしながらピストンを原点 O の位置から右にゆっくりと引いていくと，まず位置 A($x = 9.5$ cm) で共鳴し，さらにピストンを引いていくと位置 B($x = 29.5$ cm) で共鳴した．

(1) 音叉から出る音の波長を求めよ．

(2) 音叉から出る音の振動数を求めよ．

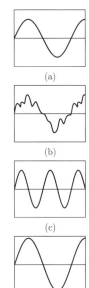

図 3.15

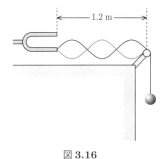

図 3.16

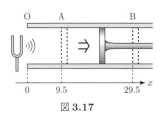

図 3.17

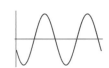

(3) 開口端補正を求めよ.

問題 3.5$^\heartsuit$　次の文中の $\boxed{}$ に適切な式を入れよ. ただし, 音速を V とする.

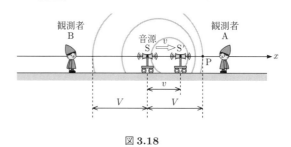

図 3.18

図 3.18 のように, x 軸上に観測者 A, B が静止している. 今, 振動数 f_0 の音を発する音源が, x 軸上を一定の速さ v で観測者 B から観測者 A の方向に動いている. このときの, 観測者 A, B それぞれが観測する音の振動数を考えてみよう.

音源が x 軸上の S 点を通過した瞬間に出された音の波面が 1 秒後に達した位置を P 点とする. その間に音源が達した位置を S′ とすると, S′P 間には $\boxed{1}$ 個の波が含まれているので, 音源から見た観測者 A 側の音波の波長は $\lambda_{\mathrm{A}} = \boxed{2}$ となる. 音速は音源の速さとは無関係であるので, 観測者 A が観測する音の振動数は $f_{\mathrm{A}} = \boxed{3}$ となる. 同様にして, 観測者 B が観測する音の振動数は $f_{\mathrm{B}} = \boxed{4}$ となる.

問題 3.6$^\heartsuit$　次の文中の $\boxed{}$ に適切な式を入れよ. ただし, 音速を V とする.

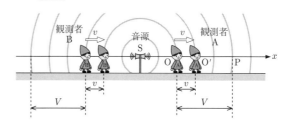

図 3.19

図 3.19 で, x 軸上に振動数 f_0 の音を発する音源 S が静止している. 今, x 軸上を観測者 A は音源 S から遠ざかる方向に, 観測者 B は音源 S に近づく方向に動いている. 観測者 A, B の速さは, ともに v である. このときの, 観測者 A, B それぞれが観測する音の振動数を考えてみよう.

観測者 A が O 点を通過する瞬間に, O 点を通過した音波の波面が 1 秒後に達した位置を P 点とする. その間に観測者が進んだ位置を O′ 点とすると, O′P 間にある波面が 1 秒間に観測者をよぎったことになる. $\mathrm{O'P} = \boxed{1}$, 波面の間隔 = 波長 = $\boxed{2}$ となるので, 観測者 A が観測する音の振動数 f_{A} は $\boxed{3}$ となる. 同様にして, 観測者 B が観測する音の振動数は $f_{\mathrm{B}} = \boxed{4}$ となる.

問題 3.7♡　音源 S の振動数は 400 Hz である．図 3.20 のそれぞれの場合について，観測者 O が観測する音の振動数を求めよ．ただし，音速を 340 m/s とする．

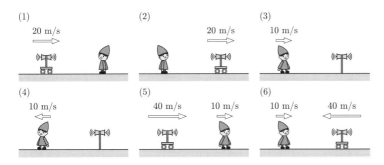

図 3.20

問題 3.8◇　振動数 f_0 の音を発する音源 S がある．図 3.21 のように，観測者 O と壁（反射板）は静止ししたまま，その間にある音源 S を一定の速さ v で壁の方向に移動させたところ，観測者 O が観測する音にはうなりが生じた．音速を V とする．

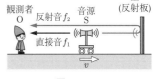

図 3.21

(1)　観測者 O が観測する，音源 S より直接伝わる音波の振動数を求めよ．

(2)　観測者 O が観測する，音源 S より壁で反射した音波の振動数を求めよ．

(3)　直接伝わる音波と反射した音波のうなりの振動数を求めよ．

◆────────────音を使った確率共鳴の実験────────────◆

　本文でも触れたノイズ・キャンセリング・ヘッドフォンを 2018 年に購入しました. 筆者の PC は, フル稼働しているとき CPU 冷却のためのファンがかなりうるさくなります. ところが, ノイズ・キャンセリング・ヘッドフォンをしていると全く聞こえません. まるで見えない壁（SF のバリア）に守られているようです.

　ヘッドフォンと言えば, スマホ難聴に気をつけてください. ヘッドフォンを使うと, 大音量で音楽を聴きがちです. 2015 年 2 月に世界保健機構 (WHO) は, ヘッドフォンで音楽を鑑賞する場合には 1 日 1 時間以内に制限するべきだという指針を発表しました. 周囲の人の迷惑も考えて, 大音量で音楽を聴くことは控えましょう.

　さて, もう一つ, ヘッドフォンに関する話題です. 確率共鳴という現象があります. ヘッドフォンを使っても簡単に実験することができます. この概念は, 周期的に訪れる氷河期を説明するために提案されたものです. 氷河期の周期のような大きなスケールの現象とヘッドフォンを使った実験に同じ原理が適用できることが物理学の面白さの一つです.

　この確率共鳴について簡単なモデルを考えましょう[1]. 図 3.22 のような極小が二つあるポテンシャルを考えます. ここにボールを 1 個入れます. このボールの動きを見ることによって, ポテンシャルの動きを検出することを考えます. このポテンシャルをわずかに揺らすだけでは, ボールを一方の極小から他方の極小に移動させることはできません. 言い換えると, ポテンシャルが揺れていることを検出できません. さて, ここにノイズを導入しましょう. すなわち, 周期的にわずかに揺らすだけではなく, もっと短い周期でランダムにも揺らすのです. このランダムな揺れが非常に小さければ, ボールは一方の極小にとどまったままです. また, 非常に強ければ周期的なわずかな揺れに関係なくボールはランダムに二つの極小を行ったり来たりするでしょう. ところが, 適度な強さのランダムさを与えると, 非常に弱い周期的な揺れに応じて二つ極小の間を行ったり来たりするようになります. すなわち, 本来ならば「見えないはず」の小さな周期的振動が見えるようになります.

　この確率共鳴の様子は, Mathematica というプログラムを使って, 見ることができます[2] 注13.

　さて, 氷河期の周期性に戻りましょう. 1930 年にミランコビッチが, 地軸の揺らぎによる日射量の変化によるものであるという提案をしました. しかしながら, この変化はわずかなので, 氷河期のような劇的な気象の変化をもたらすとは考えられませんでした. ところが, 1982 年にベンチらが, 日射量の変化に加えて大気や海に起因するランダムな要素を加えることによって, 周期性を説明できるという確率共鳴の考え方を提案しました[3].

　今では, この確率共鳴現象は様々な分野で観測されています[1]. 音で実験する場合は以下のようにします[4]. 小さな音量の単音をヘッドフォンから出しておきます. ただし, 音量は小さいので, そのままでは「聞こえません＝認識できません」. そこにノイズを加えていきます. そうすると適切な大きさのノイズを加えると, 聞こえなかった単音が聞こえるようになります. これこそ確率共鳴です. 筆者が勤務する大学の学生に行ってもらったことがあります.

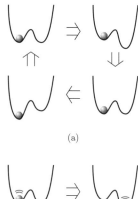

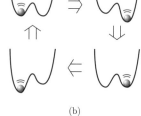

図 3.22　(a) ノイズがない場合で, 途中の山を越えることができないので常にボールは左の極小にいる. (b) 適度なノイズがある場合で, ノイズの助けを借りて山を越えることができる.

注 13　CDF プレーヤーという無料のソフトをインストールしたらプログラムを動かすことができます.

参考文献

[1]　L. Gammaitoni, P. Hänggi, P. Jung, and F. Marchesoni, "Stochastic Resonance," Reviews of Modern Physics, **70**(1), 1998 pp. 223-287.

[2]　http://demonstrations.wolfram.com/StochasticResonance/

[3]　R. Benzi, G. Parisi, A. Sutera, and A. Vulpiani, 1982, Tellus **34**, pp.

10-16.

[4]　W. Garver and F. Moss, "Detecting Signals with Noise", Scientific American, 1995, August, Amateur Scientist.

4 光

光は電磁波と呼ばれる波の一種で物質のない真空中でも伝わる[注1]. ここでは, 基本的な光の性質について学ぶ. 光の波としての性質は光以外の波に対しても成り立つことが多い.

注1 通常の意味での媒質がなくても伝わる特殊な波である.

4.1 光の速さ♡

国際単位系では, 光速 c〔m/s〕は

$$c = 2.99792458 \times 10^8 \text{ m/s} \tag{4.1}$$

と定義されている[注2]. 空気中の光速は真空中とほとんど同じである.

以前は, 1 m が別の方法で定義されており[注3], 光速を測定していた. 1849年にフィゾーによって行われた測定の概念図4.1を示す.

注2 1 s の定義と併せて, 1 m は光が 1 s 間に真空中を進む距離の 2.99792458×10^8 分の 1 となる.

注3 元々 1 m は, 地球の赤道と北極点の間の海抜ゼロにおける子午線弧長を 100 万分の 1 した長さとして, フランス革命後の1791 年に定義された.

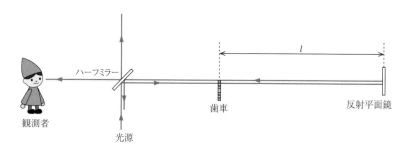

図 4.1 フィゾーの実験の概略.

光源からの光はハーフミラーで反射され, 歯車の歯の隙間を通って反射鏡に到達する. 歯車の回転が遅い場合は, 反射されて戻ってきた光は同じ歯の隙間を通ることができ, 観測者は光を観測することができる. しかしながら, 歯車の回転が速くなると, 光が反射して戻ってきたときには歯車が回転して次の歯によって遮られることになる. 歯車の歯の数を n, 歯車の回転数を f〔Hz〕とすると, 歯車のある隙間がある場所にきてから, 次の歯が同じ場所に来るまでの時間は $\dfrac{1}{2nf}$ である. 一方, 光が l〔m〕離れた反射鏡で反射して戻ってくるまでの時間は, $\dfrac{2l}{c}$ である. したがって, 歯車の回転をだんだん速くしていったとき, はじめて観測者が光を観測することができなく

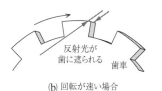

(a) 回転が遅い場合

(b) 回転が速い場合

図 4.2 歯車での光の通過.

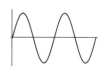

なるのは

$$\frac{1}{2nf} = \frac{2l}{c}$$

のときである[注4]．この式より，$c = 4nfl$ と求めることができる．

注4　さらに回転を速くすると，次の隙間を通って光は観測者に到達することができるようになる．

4.2　光の反射，屈折♡ ●

光は異なる媒質の境界面で反射・屈折する．2章で議論した反射の法則

$$\theta_1 = \theta_1{}' \tag{4.2}$$

と屈折の法則

$$\frac{\sin\theta_1}{\sin\theta_2} = \frac{v_1}{v_2} = \frac{\lambda_1}{\lambda_2} \tag{4.3}$$

が光でも成り立つ（図4.3参照）．$\frac{v_1}{v_2} = n_{12}$ を物質Iに対する物質IIの**相対屈折率**という．特に，Iの領域が真空の場合は，$\frac{c}{v_2} = n_2$ を媒質IIの**絶対屈折率**という[注5]．絶対屈折率で屈折の法則を表すと，

$$n_1 \sin\theta_1 = n_2 \sin\theta_2 \tag{4.4}$$

となる．ここで n_1, n_2 は媒質I，IIの絶対屈折率である．

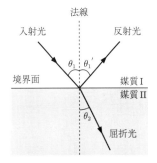

図4.3　光の反射・屈折．

注5　絶対屈折率のことを単に**屈折率**ということもある．

例題 4.1　容器に入った水の深さは実際よりも浅く見える．その理由を説明せよ．空気の屈折率は 1.00，水の屈折率を n とする．

解　図4.4のように，容器の底は空気中を進む光の延長線上（点線の交点 P′）にあるように見えるが，実際は P にある．見かけの深さを d'，実際の深さを d とすると，

$$n = \frac{\sin\theta_1}{\sin\theta_2} \fallingdotseq \frac{\tan\theta_1}{\tan\theta_2} = \frac{L/d'}{L/d} = \frac{d}{d'}$$

である．ここで $\theta_1, \theta_2 \ll 1$ であることを用いた．したがって，

$$d' \fallingdotseq \frac{d}{n}$$

となる．$n > 1$ であるので，浅く見えることがわかる．

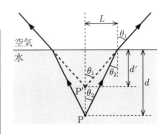

図4.4　水の深さの見え方．

屈折率の大きい媒質から小さい媒質へ光が入射するとき，屈折角は入射角よりも大きい．したがって，入射角を大きくしていくと入射角が 90 度より小さくても屈折角が 90 度になることがある．図4.5参照．このときの入射角 θ_c を**臨界角**という．臨界角よりも大きな角度で入射した光に対する屈折光は存在できず，すべて境界面で反射する．これを**全反射**という[注6]．絶対屈折率 n_1 の物質Iから絶対屈折率 n_2 の物質IIに進む光の臨界角は

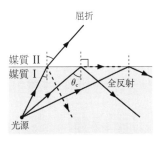

図4.5　入射角を大きくしていくと臨界角 θ_c で全反射が起こる．

注6　光ファイバーは全反射を利用して光が漏れないようにしている．

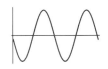

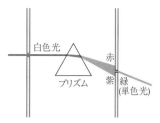

図 4.6　プリズムによる光の分散．太陽光をプリズムに通したとき，異なった色に分かれる．スリットから単色光を取り出すことができる．

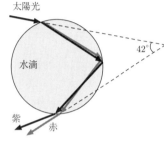

図 4.7　水滴による光の屈折と反射の様子である．

注7　1 nm は 1×10^{-9} m である．

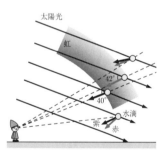

図 4.8　虹の外側が赤い色になり，内側は紫色になることを示している．

- - - - 6000 K の黒体輻射
―――― 宇宙におけるスペクトル
―――― 地上におけるスペクトル

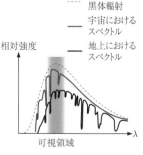

図 4.10　宇宙と地上で測定された太陽光のスペクトル．

$n_1 \sin \theta_c = n_2 \sin 90°$ より，

$$\sin \theta_c = \frac{n_2}{n_1}$$

である．ただし，$n_1 > n_2$ の場合である．物質 II が空気の場合は $n_2 = 1$ と近似できるので，$\sin \theta_c = 1/n_1$ となる．

4.3　光のスペクトル，分散，散乱，偏光◇

太陽光をプリズムに入射させると，図 4.6 のように異なった色の光に分かれる．これは色ごとに屈折率が異なるためである．

このように光が異なった色に分かれる現象を**光の分散**といい，分かれた光全体を**スペクトル**という．光をスペクトルに分けることを**分光**という．

ヒトの目が感じる光（可視光）は，波長が $380 \sim 770$ nm の電磁波である[注7]．赤色の光の波長は大きく，紫色の光に比べて屈折率は小さい．ヒトの目には見えないが赤色より波長の長い光を**赤外線**，紫色よりも波長が短い光を**紫外線**という．異なった色の光は異なった波長の光である．太陽光は様々な波長の光が混じっているものである．一方，単一の波長を持つ光は**単色光**と呼ばれる．太陽光を大気中の細かい水滴によって，「自然」が分光したものが虹である．

太陽光や白熱電球からの光は，プリズムで分光すると赤色から紫色までの光が連続的に並んでいる．このようなスペクトルを**連続スペクトル**という．一方，ナトリウム灯や蛍光灯の光のように特定の波長の光しか存在しないスペクトルもある．このようなスペクトルを**線スペクトル**という．

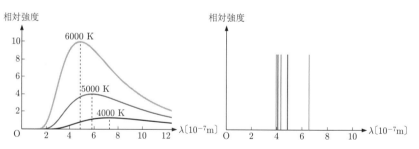

図 4.9　左は黒体（外から入ってくる光を全く反射しない仮想的な物体）が，温度 6000 K，5000 K，そして 4000 K のときに出す光の連続スペクトル．右は水素原子から出る光の可視光域の線スペクトル．

このような線スペクトルは原子や分子に固有のものもあり，ある線スペクトルの存在からそれに対応した原子の存在が推定できる場合がある．図 4.10 は，宇宙と地上で測定された太陽光のスペクトルを示す．宇宙で測定されたスペクトルでは，連続したスペクトルから特定の波長でスペクトル強度が減

少していることがわかる．人間の目には太陽光の連続スペクトルを背景に黒い線（スペクトル強度が低いところ）が現れることになる．この線のことをフラウンホーファー線という．この強度の減少は太陽大気中に存在する原子による吸収によって起こっている．地上で測定されたスペクトルではさらに，地球大気によって吸収されている．

光はその波長と同程度，あるいはそれよりも小さな粒子にあたるとその粒子を中心として球面波を発生する．この現象を**光の散乱**という．波長が短い方が散乱されやすい．

この散乱現象により，日中と夕方の空の色の違いが理解できる．太陽光のスペクトルの中の波長の短い光の方が散乱されやすく，その散乱された光を見るので日中の空は青く見える．一方，夕方の太陽光が大気を長距離通って目に届く場合は，波長の短い光は散乱されてしまう．そのために，波長の長い光のみが目に届き，赤く見える．

偏光板はポリビニルアルコールのプラスチック板を一方向に引っ張って伸ばすこと（延伸）によって作ることもできる．この延伸によって分子が引っ張った方向に並ぶ．このような偏光板を用いて図 4.12 のような実験を行う．偏光板の分子の向きが揃った 2 枚の偏光板を光は透過するが，偏光板の分子の向きが直交した 2 枚の偏光板を光は透過することができない．この実験により，光に付随した何らかの振動が光の進行方向に対して垂直に起こっていることが推察できる．すなわち，光は横波であることが推定できる．このように振動が一方向のみの光を**偏光**という．

光が横波であることを図 4.12 の実験に基づいて考察してみよう．また，光は特定の波長の電磁波であることがわかっているので，上の何らかの振動は電場か磁場の振動であるはずである．この偏光はどちらの振動に関わりあっているかを考えてみよう．

4.4　凸レンズと凹レンズ◇ ●

透明な素材でできた，光を収束させたり発散させたりするものをレンズという．収束させるためのレンズを**凸レンズ**という．それは中央部が周辺部よりも厚いからである．一方，発散させるためのレンズを**凹レンズ**という．それは，中央部が周辺部よりも薄いからである．レンズの中心部の面に垂直な直線を**光軸**という．

凸レンズの光軸に平行な光線はレンズを通過した後，光軸上の一点に収束する．この点を凸レンズの**焦点**という（図 4.13(a) の F 点）[注8]．逆に焦点（図 4.13(b) の F′ 点）にある点光源からの光は光軸と平行な光線になる．凹

図 4.11　太陽光の散乱．

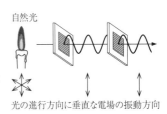

光の進行方向に垂直な電場の振動方向

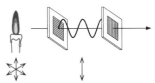

光の進行方向に垂直な電場の振動方向

図 4.12　2 枚の偏光板（上：平行，下：直交）に入射する光．偏光板上の直線は分子がその向きに並んでいることを表している．

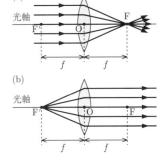

図 4.13　凸レンズによる光の収束，発散．

注 8　光はレンズに入るときと出るときに 2 回屈折するが，簡単のために作図する際にはレンズの中心線上で一回だけ屈折するように描く．この近似を「薄いレンズの近似」という．

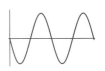

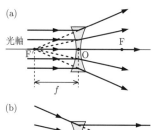

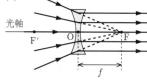

図4.14　凹レンズによる光の収束，発散．

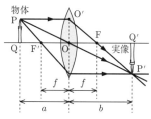

図4.15　凸レンズによる実像．

注9　記号「∼」は両辺の図形が相似であることを意味する．

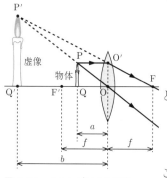

図4.16　凸レンズによる虚像．

注10　対物レンズは実像を作り，接眼レンズはその実像から拡大した虚像を得る．ケプラー式望遠鏡はこの顕微鏡と同様の原理によって，遠くの物体の拡大した倒立像を得ることができる．

レンズの光軸に平行な光線はレンズを通過した後，光軸上の一点から発散するように進む．この点を凹レンズの焦点（図4.14(a)の F' 点）という．逆に，この焦点（図4.14(b)の F 点）に収束するように入射した光は光軸に平行な光線になる．レンズの中心から焦点までの距離 f を**焦点距離**という．

4.5　凸レンズによる像◇

図4.15のように物体を凸レンズの焦点の外側に置くと，レンズの反対側の観測者には上下が逆転した像（**倒立像**）が見える．この像は実際に光が集まってできる像であり，**実像**という．この実像はスクリーンに投影することが可能である．

図4.15のように a, b, f を定めると，

$$\triangle \text{POQ} \sim \triangle \text{P'OQ'}, \quad \triangle \text{O'FO} \sim \triangle \text{P'FQ'}, \quad \overline{\text{PQ}} = \overline{\text{O'O}} \quad \text{より,}$$

$$\frac{b}{a} = \frac{\overline{\text{P'Q'}}}{\overline{\text{PQ}}} = \frac{\overline{\text{P'Q'}}}{\overline{\text{O'O}}} = \frac{b-f}{f}$$

となり[9]，以下の式が得られる．像は b/a 倍に拡大されることがわかる．

$$\frac{1}{a} + \frac{1}{b} = \frac{1}{f} \tag{4.5}$$

図4.16のように物体を凸レンズの焦点の内側に置くと，レンズの反対側の観測者には拡大された像（**正立像**）が見える．この像は実際に光が集まっている訳ではないので，**虚像**という．図4.15のように a, b, f を定めると，

$$\triangle \text{POQ} \sim \triangle \text{P'OQ'}, \quad \triangle \text{O'FO} \sim \triangle \text{P'FQ'}, \quad \overline{\text{PQ}} = \overline{\text{O'O}} \quad \text{より,}$$

$$\frac{b}{a} = \frac{\overline{\text{P'Q'}}}{\overline{\text{PQ}}} = \frac{\overline{\text{P'Q'}}}{\overline{\text{O'O}}} = \frac{b+f}{f}$$

となり，以下の式が得られる．像は b/a 倍に拡大されることがわかる．

$$\frac{1}{a} - \frac{1}{b} = \frac{1}{f} \tag{4.6}$$

図4.17のように，凸レンズを二つ組み合わせて小さなモノを大きく見ることができるようにした装置が顕微鏡である[10]．

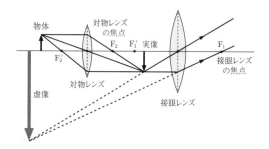

図4.17　顕微鏡の原理．

4.6 凹レンズによる虚像◇ ——————————————●

図 4.18 のように物体を凹レンズの前方に置くと，レンズの反対側の観測者には縮小された像（**正立像**）が見える．この像は実際に光が集まっている訳ではないので，**虚像**という．図 4.18 のように a, b, f を定めると，

$$\triangle\mathrm{POQ} \sim \triangle\mathrm{P'OQ'}, \quad \triangle\mathrm{O'F'O} \sim \triangle\mathrm{P'F'Q'}, \quad \overline{\mathrm{PQ}} = \overline{\mathrm{O'O}}$$

より，

$$\frac{b}{a} = \frac{\overline{\mathrm{P'Q'}}}{\overline{\mathrm{PQ}}} = \frac{\overline{\mathrm{P'Q'}}}{\overline{\mathrm{O'O}}} = \frac{f-b}{f}$$

となり，

$$\frac{1}{a} - \frac{1}{b} = -\frac{1}{f} \tag{4.7}$$

が得られる[注11]．像は b/a 倍に縮小される．

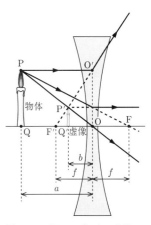

図 4.18 凹レンズによる虚像．

[注11] $\dfrac{1}{a} + \dfrac{1}{b} = \dfrac{1}{f}$ は，形式的には凸レンズと凹レンズのどちらでも使うことができる．凸レンズの場合は f は正，凹レンズは負とする．a は通常正である．b は正ならば実像（物体と像はレンズを挟んで反対側にある）で，負ならば虚像（物体と像はレンズの同じ側）である．

例題 4.2 焦点距離が 10 cm のレンズの前方 15 cm のところに高さ 3.0 cm の物体を置いた．どこにどのような像ができるか，凸レンズと凹レンズのそれぞれの場合について答えよ．

解 ● 凸レンズの場合

$$\frac{1}{15\ \mathrm{cm}} + \frac{1}{b} = \frac{1}{10\ \mathrm{cm}}$$

より，$b = 30$ cm となる．また，像の高さは $3.0\ \mathrm{cm} \times \dfrac{30\ \mathrm{cm}}{15\ \mathrm{cm}} = 6.0$ cm となる．レンズの後方 30 cm に高さ 6.0 cm の実像ができる．

● 凹レンズの場合

$$\frac{1}{15\ \mathrm{cm}} + \frac{1}{b} = \frac{1}{-10\ \mathrm{cm}}$$

より，$b = -6.0$ cm となる．また，像の高さは $3.0\ \mathrm{cm} \times \left| \dfrac{-6.0\ \mathrm{cm}}{15\ \mathrm{cm}} \right| = 1.2$ cm となる．レンズの前方 6.0 cm に高さ 1.2 cm の虚像ができる．

4.7 鏡による像◇ ——————————————●

鏡には，**平面鏡**，**凹面鏡**，そして**凸面鏡**がある（図 4.19）．平面鏡では，鏡と対称な位置に虚像があるように見える．一方，凹面鏡は凸レンズに対応して，像を拡大することができ，凸面鏡は凹レンズに対応して縮小された虚像を作ることができる．

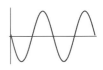

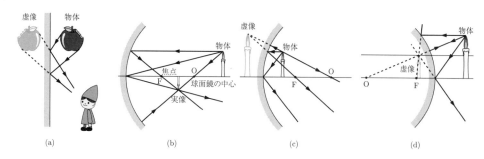

図 4.19 様々な鏡による像. (a) 平面鏡による虚像, (b) 凹面鏡による実像, (c) 凹面鏡による虚像, (d) 凸面鏡による虚像.

4.8 光の回折と干渉◇

ヤングは図 4.20 のような実験を行うことによって, 光が回折と干渉を行うこと, すなわち, 波としての性質を持っていることを示した[注12].

注12 スクリーン上に現れる明暗のパターンは二つのスリットを通過した光が干渉したために生じたものである.

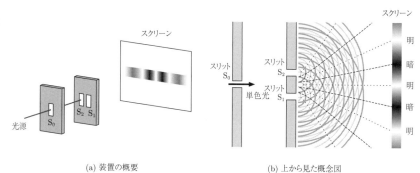

(a) 装置の概要　(b) 上から見た概念図

図 4.20 ヤングの干渉実験. スリット (S₁ と S₂) とスクリーンの距離はスリット (S₁ と S₂) の間隔より十分大きい.

図 4.21 ヤングの干渉実験で経路長を計算するための図.

図 4.21 のように, スクリーン上で中心からの距離を x〔m〕とする. スリット S_1 と S_2 からの距離（経路長）を l_1〔m〕と l_2〔m〕とすると, それらの2乗の差は以下のようになる.

$$l_1{}^2 - l_2{}^2 = \left(\sqrt{l^2 + \left(x + \frac{d}{2}\right)^2}\right)^2 - \left(\sqrt{l^2 + \left(x - \frac{d}{2}\right)^2}\right)^2 = 2dx$$

$l_1{}^2 - l_2{}^2 = (l_1 + l_2)(l_1 - l_2)$ であり, $l_1 + l_2 \fallingdotseq 2l$ と近似できる[注13] ので,

$$l_1 - l_2 \fallingdotseq \frac{d}{l}x$$

注13 スリット (S₁ と S₂) とスクリーンの距離 l〔m〕はスリット (S₁ と S₂) の間隔 d〔m〕より十分大きい.

と近似できる. $l_1 - l_2$ が波長の m（整数）倍ならば明るくなる（**明線**, または**輝線**という）. 一方, $(m + 1/2)$ 倍ならば暗くなる（**暗線**という）. ここで, 整数 m を次数といい, それぞれの m の値での明線（暗線）を m 次の明

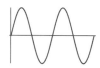

線（暗線）という．したがって，明線（暗線）間の間隔 Δx〔m〕は

$$\Delta x = \frac{l\lambda}{d} \tag{4.8}$$

となる．

4.9　さまざまな光の干渉◇ ────────●

　ヤングの実験でスリットが多数ある場合はどのように考えれば良いだろうか？　また，シャボン玉は壊れる前に，様々な色を示すことがある．これは，なぜだろうか？

● 回折格子

　等間隔に多数のスリットを並べたものを**回折格子**という．スリットの間隔を**格子定数**という．図 4.22 のように θ, d〔m〕をとると，θ の方向に明線が得られる条件は

$$d \sin\theta = m\lambda \qquad m\text{ は整数} \tag{4.9}$$

となる[注14]．ただし，回折格子からスクリーンの距離は格子定数より十分大きい．波長が異なると明線が得られる条件が変わるので，プリズムのように回折格子を分光に用いることができる．

(a) 回折格子

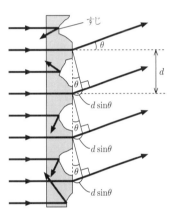

(b) 拡大図．すじの部分は光が透過しない．

図 4.22　回折格子の模式図．ここでは，透過光のための回折格子を示しているが，反射光に対しても同様な干渉を考えることができる．

注14　n は屈折率を表すことが多いので，ここでは m を用いた．

例題 4.3　格子定数が $d = 1.0 \times 10^{-5}$ m である回折格子に垂直に光をあてたところ，中央の明線（$m = 0$ の明線）の方向と 1 次の明線（$m = 1$ の明線）の方向の間の角度は 3.4° であった．このことより，あてた光の波長を求めよ．ただし，$\sin 3.4° = 0.059$ とせよ．

解　回折格子で明線が得られる条件は $d \sin\theta = m\lambda$ ($m = 0, 1, 2, \cdots$) であるので，

$$\lambda = (1.0 \times 10^{-5}\text{ m}) \times \sin 3.4° = (1.0 \times 10^{-5}\text{ m}) \times 0.059$$
$$= 5.9 \times 10^{-7}\text{ m}$$

となる．

● 薄膜での光の干渉

　シャボン玉膜のような薄膜での干渉を考える（図 4.23 参照）．光は境界面を透過する際に位相の変化はない．しかしながら，屈折率の小さい物質からより大きい物質に入射する際，その境界面で反射するときには位相が π だけずれる[注15]．一方，屈折率の大きい物質から小

注15　固定端に相当．

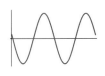

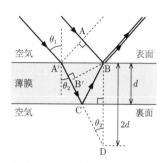

図4.23　薄膜での干渉. 空気の屈折率はほとんど1で, 薄膜の屈折率 $n > 1$ である.

さい物質へ入射する際の反射では, 位相はずれない. したがって, 図4.23の薄膜の反射で, 表面における反射では位相が π だけずれて, 裏面での反射では位相はずれない.

まず, 光学的距離（光路長）という考え方を導入しよう.（絶対）屈折率 n の物質中の光の波長は λ/n になっている. したがって, 物質中を光が距離 l〔m〕だけ進んだときの位相の変化は, 真空中を nl 進んだ場合に等しい. そこで, nl を**光学距離**（光路長）ということにする. 経路差を光学距離で表したものを**光路差**という.

図4.23の場合に, 一度薄膜に入った光と薄膜に入らずに反射した光の光路差は, $n \left(\overline{\mathrm{A'C}} + \overline{\mathrm{CB}} \right) - \overline{\mathrm{AB}} = n\overline{\mathrm{A'D}} - \overline{\mathrm{AB}} = n \left(\overline{\mathrm{A'D}} - \overline{\mathrm{A'B'}} \right) = n\overline{\mathrm{B'D}}$ である. したがって, 干渉して強め合う条件は

$$2nd\cos\theta_2 = \left(m + \frac{1}{2} \right) \lambda \tag{4.10}$$

となる. m は整数で, 右辺の $1/2$ は表面での反射による位相 π のずれを光路長で相殺するために入っている.

- くさび形空気層での干渉

図4.24のように平坦な2枚のガラス板を組み合わせてくさび形の空気層を作る. 上から光をあてて反射光を観察すると, 空気層の上での反射光と下での反射光が干渉して縞模様が見られる. 空気層の厚さが d〔m〕の場所で光が強め合う条件は, 空気層の下での反射では位相が π だけずれることを考慮すると,

$$2d = \left(m + \frac{1}{2} \right) \lambda$$

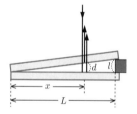

図4.24　くさび形空気層による干渉.

となる. ガラスの端からの距離を x〔m〕とすると, $d = \dfrac{l}{L}x$ なので,

$$\frac{2l}{L}x = \left(m + \frac{1}{2} \right) \lambda \tag{4.11}$$

で与えられる x で明るくなる. 同様に暗くなる場所は,

$$\frac{2l}{L}x = m\lambda \tag{4.12}$$

で与えられる. 隣り合う明線（暗線）の間隔 Δx〔m〕は, 以下のようになる.

$$\Delta x = \frac{L\lambda}{2l} \tag{4.13}$$

● ニュートン・リング

　上面が平坦で下面が半径 R の球の一部である平凸レンズと，平坦な
ガラス板の間の空気層による干渉を考える（図 4.25 参照）．中心から
の距離 r〔m〕の場所での空気層の厚さは，

$$R - \overline{\mathrm{OA}} = R - \sqrt{R^2 - r^2} = R\left(1 - \sqrt{1 - \frac{r^2}{R^2}}\right)$$

$$\fallingdotseq R\left\{1 - \left(1 - \frac{1}{2}\frac{r^2}{R^2}\right)\right\} = \frac{r^2}{2R}$$

となる [注16]．これがくさび形空気層の場合の d に相当するので，

$$2\frac{r^2}{2R} = \left(m + \frac{1}{2}\right)\lambda$$

のときに明るくなる．ただし，m は 0 または自然数である．これより，

$$r = \sqrt{\left(m + \frac{1}{2}\right)\lambda R} \tag{4.14}$$

のとき明るくなり，同様に，

$$r = \sqrt{m\lambda R} \tag{4.15}$$

のとき，暗くなる．

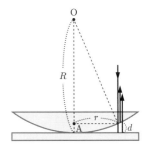

図4.25　ニュートン・リング．上面が平坦で下面が半径 R〔m〕の球の一部である平凸レンズと，平坦なガラス板の間の空気層による干渉．

注16　R は r より十分大きいので，r^2/R^2 は 1 より十分小さい．したがって，近似式 $(1+\Delta x)^n = 1+n\Delta x$ を用いることができる．ここで，n は $1/2$ である．

4.10　最小時間の原理 ♦ ━━━━━━━━━━━━━●

光が進む経路に関する「最小時間の原理」[注17] は，

　　光がある点から別の点に進むとき，その要する時間がもっとも
　　短くなる経路を通る

とまとめることができる．

この原理から，以下のことが統一的に理解できる．

● 一様な媒質中では直進する

　一様な媒質中では光の進む速さは一定なので，最短時間を達成する
経路と最短距離を実現する経路は一致する．すなわち，2 点間を結ぶ
線分である．

● 反射の法則

　A 点から B 点に反射面上の点 C を通って到達するときに光路長 l
を最小にすれば良い（図 4.26 参照）．鏡より上面の媒質の屈折率を n
とすると，

$$l = n\sqrt{a^2 + x^2} + n\sqrt{b^2 + (L - x)^2}$$

注17　発見者の名前からフェルマーの原理とも呼ばれる．

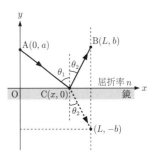

図4.26　フェルマーの原理による反射の法則の導出．

となる．最短光路長になる l を求めるために，l を x で微分すると，

$$\frac{dl}{dx} = n\left(\frac{x}{\sqrt{a^2+x^2}} - \frac{L-x}{\sqrt{b^2+(L-x)^2}}\right) = n\left(\sin\theta_1 - \sin\theta_2\right)$$

となるので，光路長最短のとき $\theta_1 = \theta_2$ $(\sin\theta_1 = \sin\theta_2)$ となる．

● 屈折の法則

　　A 点から B 点に媒質の境界上の点 C を通って到達するときに光路長 l を最小にすれば良い．図 4.27 のように点や媒質の屈折率を定める．

$$l = n_1\sqrt{a^2+x^2} + n_2\sqrt{(-b)^2+(L-x)^2}$$

となる．最短光路長になる l を求めるために，l を x で微分すると，

$$\frac{dl}{dx} = \frac{n_1 x}{\sqrt{a^2+x^2}} - \frac{n_2(L-x)}{\sqrt{b^2+(L-x)^2}} = n_1\sin\theta_1 - n_2\sin\theta_2$$

となるので，光路長最短のとき $n_1\sin\theta_1 = n_2\sin\theta_2$ となる．

　光はなぜ中間点 C を通った方が，始点 A から終点 B までの光路長が最短になることが始点 A を出発するときにわかっているのだろうか？　不思議ではないだろうか？　この「光が進むのは光路長を最短にする経路である」というフェルマーの原理は，大学の 2 年生あるいは 3 年生で学ぶ解析力学の最小作用の原理に一般化される．ファインマンはこの最小作用の原理を「波」[注18] の干渉の観点から理解し，発展させた経路積分法という理論を構築した．

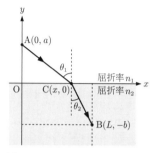

図 4.27　フェルマーの原理による屈折の法則の導出．

注 18　この「波」は物体を表す量子力学における「波」である．上級学年で開講されている量子力学で学ぶことをお楽しみに！

章末問題

問題 4.1♡　図 4.28 のように，媒質 I での波長が 6.0×10^{-7} m の光が，入射角 45 °で媒質 II に入射した．媒質 I に対する媒質 II の屈折率は $\sqrt{2}$ である．また，媒質 I 中の光の速さを 3.0×10^8 m/s とする．

(1)　媒質 II に入射した際の，反射角 θ_1 と屈折角 θ_2 をそれぞれ求めよ．

(2)　媒質 II 中における光の速さ，波長，振動数をそれぞれ求めよ．

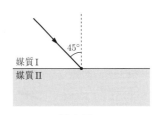

図 4.28

問題 4.2♡　屈折率 n の液体中の深さ h の位置に，大きさが無視できる光源 P がある．空気の屈折率を 1 とする．

(1)　この光源 P の真上近くより光源を見たところ，この光源の深さはいくらに見えるか．ただし，θ が十分に小さいとき，$\sin\theta \simeq \tan\theta$ であることを用いよ．

(2)　光源 P の真上に円板を浮かべて空気中へ光の漏れがないようにしたい．円板の最小半径の大きさを求めよ．

問題 4.3◇　図 4.29 はヤングの干渉実験を示したものである．1 本のスリット S を持つスリット板，極めて接近した二つのスリット A, B を持つスリット板，スクリーン XY が平行に立てられている．スリット S およびスクリーンの中心 O は線分 AB の垂直 2 等分線上にあり，AB とスクリーンとの距離は L である．以下の ◻ に適切な語句または式を入れよ．

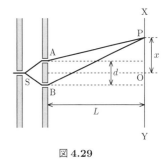

図 4.29

　今，線分 AB の垂直 2 等分線上に光源を置き，波長 λ の単色光をスリット S にあてたところ，スクリーンには明暗の縞模様が現れた．これは，A, B からの光が ◻1◻ したからである．

　スクリーン上のある点 P に対して，m を整数として

- 点 P が明るい縞の位置となるための条件は，$|AP{-}BP| = $ ◻2◻
- 点 P が暗い縞の位置となるための条件は，$|AP{-}BP| = $ ◻3◻

である．

　ここで，スリットの間隔を d，OP$= x$ とする．d と x は L に比べて十分に小さいとして，これらの文字を用いて，

$$|AP - BP| = \boxed{4}$$

と表される．よって，隣り合う明線どうしの距離 Δx〔m〕は ◻5◻ となる．

(1)　$d = 6.8 \times 10^{-4}$ m, $L = 1.0$ m, $\Delta x = 9.8 \times 10^{-4}$ m のとき，単色光の波長 λ〔m〕を求めよ．

(2)　図の装置全体を，屈折率が n である液体の中に置き同様の実験を行っ

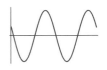

た．このときの明線どうしの距離 $\Delta x'$〔m〕は Δx〔m〕と比べてどうなるか．

問題 4.4$^\diamond$　以下の　　　　に適切な語句または式を入れよ．

ガラス板に距離 d〔m〕の間隔でスジを引いた回折格子がある．図 4.30 のように，隣り合うスリットから回折した光の経路差は　1　であるので，これが　2　の整数倍になれば光は強め合う．よって，回折格子から θ の方向に進む光が強め合う条件は，

$$\boxed{3} = m\lambda \quad (m = 0, \pm 1, \pm 2, \cdots)$$

となる．また，回折格子に白色光を当てると，波長の違いによって強め合う角度 θ が異なるので，連続スペクトルが観測できる．

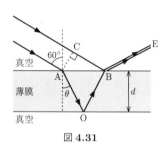

図 4.30

問題 4.5$^\diamond$　屈折率が $\sqrt{3}$ の物質でできた厚さが d〔m〕の薄い膜がある．図 4.31 のように，この膜に波長 λ〔m〕の光を入射角 60°で入射させたところ，光の一部は膜の表面で反射する．入射後に膜の裏面で反射をして出てくる光もある．空気の屈折率を 1 とする．

(1)　反射の際に位相のずれが生じるのは，図 4.31 の O，B のどちらの点で反射するときか．

(2)　屈折角 θ を求めよ．

(3)　薄膜中でのこの光の波長を求めよ．

(4)　図 4.31 で経路 A→O→B→E の経路を通る光と，C→B→E の経路を通る光の経路差を求めよ．

(5)　4. での二つの経路を進んだ光が強め合うための条件を求めよ．

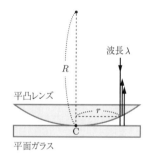

図 4.31

問題 4.6$^\diamond$　図 4.32 のように，平面ガラスの上に一方が平面で他方が大きな半径 R〔m〕の球面である平凸レンズを置く．このレンズに上方から波長 λ〔m〕の単色光をあてたところ，ガラスとレンズの接点 C を中心とする同心円状の縞模様が見られた．

(1)　レンズの中心 C は明るいか，暗いか．

(2)　半径 r〔m〕の円環が明環または暗環となる条件をそれぞれ求めよ．

(3)　$R = 96$ m，$\lambda = 5.0 \times 10^{-7}$ m であるとき，中心から数えて 2 番目の明環の半径を求めよ．

問題 4.7$^\diamond$　図 4.33 のようなレンズと物体 XX′ がある．次のそれぞれの場合について，物体 XX′ の像を作図せよ．ただし，図 4.33 の F，F′ はそれぞれのレンズの焦点である．

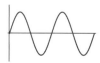

(1)

(2)

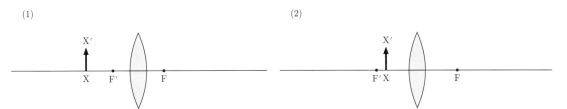

(3)

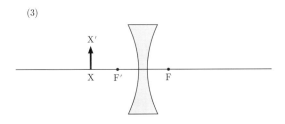

図 **4.33**　(1) と (2) は凸レンズ, (3) は凹レンズである.

問題 4.8◇　図 4.34 のような二つの凸レンズ A, B がある. A の焦点距離は 12 cm, B の焦点距離は 10 cm である. 今, AB 間の距離を 63 cm に固定して, A の前方 16 cm の位置に大きさ 2.0 cm の物体 XX' を置いた. 凸レンズ B によってできる像の位置と大きさを求めよ.

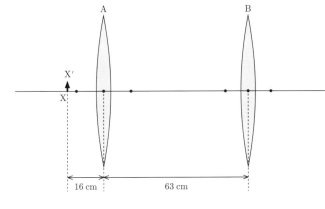

図 **4.34**

問題 4.9◇　図 4.35 のように, プリズムに白色光を入射させたところ, スクリーン上に光のスペクトルが観測できた.

(1)　可視光線の領域のア〜キの位置に, 藍, 青, 赤, オレンジ, 黄, 緑, 紫の色が現れた. ア〜キの位置に対応する色はそれぞれどれか.

(2)　クおよびケの位置に達する光の名称をそれぞれ答えよ.

(3)　物質の温度を上げるはたらきが強い光はク, ケのどちらか.

(4)　殺菌作用のはたらきが強い光はク, ケのどちらか.

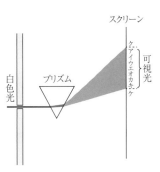

図 **4.35**

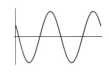

◆————光の偏光，射影，そして量子ゼノン効果————◆

図 4.12 で，光は 2 枚の直交した偏光板を透過できないことがわかりました．それでは，直交した 2 枚の偏光板の間に 3 枚目の偏光板を斜めに挿入するとどうなるでしょうか？　元々光は透過しない上に，余計なモノを加えたのだから，光は透過しないと考えるのが素直ですね？　ところが，この直感は間違っています．

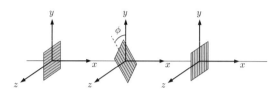

図 4.36　3 枚目の偏光版を挿入する．

4.3 節で，偏光板はある特定の方向に偏光した光だけを通過させるものであることがわかりました．完全に水平に偏光した光の中には垂直に偏光した光の成分は全くありませんし，逆も同じです．言い換えると，このような水平偏光した光と垂直偏光した光には，ベクトルの $\begin{pmatrix} 1 \\ 0 \end{pmatrix}$ と $\begin{pmatrix} 0 \\ 1 \end{pmatrix}$ のような関係がある訳です．また，斜めに偏光した光は水平偏光した光と垂直偏光した光が結合したものと捉えることができます[注19]．これらのことから，θ の方向に偏光した光 $L(\theta)$ は，偏光という観点から捉えると，$L(\theta) = \begin{pmatrix} \cos\theta \\ \sin\theta \end{pmatrix}$ と表すことができることがわかるでしょう．ただし，$\theta = 0$ は水平方向を表し，垂直方向は $\theta = \pi/2$ となります．また，ここで $H = \begin{pmatrix} 1 \\ 0 \end{pmatrix}$ と $V = \begin{pmatrix} 0 \\ 1 \end{pmatrix}$ とすると，$L(\theta) = \cos\theta\, H + \sin\theta\, V$ と表すこともできます．

次に，偏光板を通すということを数学的にどのように表現すれば良いか考えてみましょう．水平（垂直）方向の偏光板は水平（垂直）方向に偏光した光のみを通すのですから

$$L(\theta) \overset{\text{水平偏光板}}{\Longrightarrow} \cos\theta\, H = \begin{pmatrix} \cos\theta \\ 0 \end{pmatrix}, \quad L(\theta) \overset{\text{垂直偏光板}}{\Longrightarrow} \sin\theta\, V = \begin{pmatrix} 0 \\ \sin\theta \end{pmatrix}$$

となるような操作ができれば良いことになります．2 行 2 列の行列と 2 成分のベクトルの積は，

$$\begin{pmatrix} a & b \\ c & d \end{pmatrix} \begin{pmatrix} x \\ y \end{pmatrix} = \begin{pmatrix} ax + by \\ cx + dy \end{pmatrix}$$

ですから，

$$\begin{pmatrix} 1 & 0 \\ 0 & 0 \end{pmatrix} L(\theta) = \begin{pmatrix} \cos\theta \\ 0 \end{pmatrix}, \quad \begin{pmatrix} 0 & 0 \\ 0 & 1 \end{pmatrix} L(\theta) = \begin{pmatrix} 0 \\ \sin\theta \end{pmatrix}$$

となるので，偏光板の効果を行列で表現できることがわかります[注20]．このような操作を行うことを，射影演算子を作用させるといいます．さて，水平偏光板を通してから垂直偏光板を通すことは，

$$\begin{pmatrix} 0 & 0 \\ 0 & 1 \end{pmatrix} \begin{pmatrix} 1 & 0 \\ 0 & 0 \end{pmatrix} \begin{pmatrix} \cos\theta \\ \sin\theta \end{pmatrix} = \begin{pmatrix} 0 & 0 \\ 0 & 1 \end{pmatrix} \begin{pmatrix} \cos\theta \\ 0 \end{pmatrix} = \begin{pmatrix} 0 \\ 0 \end{pmatrix}$$

注19　量子力学における重ね合わせの原理です．数学的には線形結合です．量子力学は大学の 3 年生から勉強します．

注20　仮想的な x 軸（水平偏光）や y 軸（垂直偏光）への影（射影）を作ることに相当します．

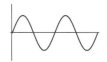

と表すことができて，光が二つの偏光板を透過できないことがわかります[注21]．これは，実験（図 4.12）でも確認できています．

さて，偏光板が y 軸から角度 ϕ だけ傾いている場合について考えましょう．偏光板の向きと光の偏光の向きの間の角度だけが重要なはずですから，角度 ϕ の向きの偏光板の効果は[注22]

$$\begin{pmatrix} \cos\phi & \sin\phi \\ -\sin\phi & \cos\phi \end{pmatrix}\begin{pmatrix} 1 & 0 \\ 0 & 0 \end{pmatrix}\begin{pmatrix} \cos(-\phi) & \sin(-\phi) \\ -\sin(-\phi) & \cos(-\phi) \end{pmatrix}$$
$$=\begin{pmatrix} \cos^2\phi & -\sin\phi\cos\phi \\ -\sin\phi\cos\phi & \sin^2\phi \end{pmatrix}$$

より，求めることができます．この式を使えば，3 枚目を挿入した際の 3 枚の偏光板の効果全体は，

$$\begin{pmatrix} 0 & 0 \\ 0 & 1 \end{pmatrix}\begin{pmatrix} \cos^2\phi & -\sin\phi\cos\phi \\ -\sin\phi\cos\phi & \sin^2\phi \end{pmatrix}\begin{pmatrix} 1 & 0 \\ 0 & 0 \end{pmatrix}\begin{pmatrix} \cos\theta \\ \sin\theta \end{pmatrix}$$
$$=\begin{pmatrix} 0 \\ -\cos\phi\sin\phi\cos\theta \end{pmatrix}$$

となり，光は弱くなるものの 3 枚の偏光板ならば透過できることがわかります．

さて，3 枚の偏光板の場合を n 枚に拡張して，1 枚目は $\pi/2n$，k 枚目は $k\pi/2n$，そして n 枚目は $\pi/2$ だけ回転させて順番に並べた場合を考えましょう．1 枚目に入射する光の偏光は水平方向とします．最後の偏光板の向きは垂直方向になっていますから，光は透過できないと考えるのが「素直」でしょう．ところが，違います．

1 枚の偏光板ごとに光の強さは $\cos^2\dfrac{\pi}{2n}\sim 1-\dfrac{\pi^2}{4n^2}$ 倍になります．n 枚の偏光板があるので，全体の光の強さは $\left(1-\dfrac{\pi^2}{4n^2}\right)^n\sim 1-\dfrac{n\pi^2}{4n^2}$ となります．n が大きくなればなるほど，光は減光せずに透過できることになります．しかも，光の偏光方向は水平から垂直に変わっています．不思議ですね．この現象は量子ゼノン効果[注23]の一つとして理解されています．

量子ゼノン効果とは，

> 短い時間間隔で測定を繰り返すと，ある（量子）状態が他の（量子）状態に変化することが妨げられる

という量子力学的な現象です．すなわち，光はとても身近な存在ですが，量子力学を使って理解しなければならない対象ということがわかるでしょう．

[注21] 実験が再現できるように「数学している」訳ですけれど．

[注22] 以下の式は偏光板を角度 ϕ だけ回転したときの効果を，光を $-\phi$ だけ回転してから，水平方向に射影し，もう一度 ϕ だけ回転することによって，実現しています．

[注23] 「飛んでいる矢は止まっている」というゼノンのパラドックスから，この名前はつけられています．

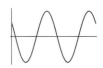

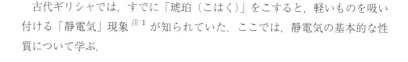

5 電気の性質

注1　琥珀を意味するラテン語 electrum から，この現象は「electrica」と名づけられた．「エレクトリシティ」の語源である．

古代ギリシャでは，すでに「琥珀（こはく）」をこすると，軽いものを吸い付ける「静電気」現象[注1]が知られていた．ここでは，静電気の基本的な性質について学ぶ．

5.1　静電気♡

図5.1と5.2のように，異なった物質をこすり合わせたときに，ある場合には反発して，ある場合には引き合うことが観察される．このような現象を**静電現象**といい，そのときにはたらく力を**静電気力**という．物体がこのように，力がはたらく状態になることを，物体が**帯電**するという．この静電気力の原因になるものを，**電荷**といい，その量を**電気量**という．電気量の単位は**クーロン**（記号は C）である．

図5.1　異なった物質でできた物体 A と B をこすり合わせると，A と B の間には引力がはたらくことがある．

さらに，図5.1と5.2に示される事実から電荷には，よく似ているが性質の異なる2種類の電荷があって，同種の電荷は反発し[注2]異種のものは引き合うことがわかる．ここで，一方を正（プラス）電荷，他方を負（マイナス）電荷と呼ぶ[注3]．

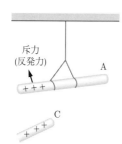

図5.2　A と同じ物質でできた別の物体 C を物体 B とこすり合わせた後に物体 A に近づけると，A と C の間には反発する力（斥力）がはたらく．

注2　引力の場合，静電誘導現象（後述）により，帯電した物体はその帯電の正負によらず小物体を引きつける．したがって，引力だけから電荷の正負を判定することは困難である．

注3　2種類の電荷のどちらを正の電荷と呼ぶかは，任意であった．

例題 5.1　図5.1と5.2に示される事実から
「電荷には，よく似ているが性質の異なる2種類の電荷
があって，同種の電荷は反発し異種の電荷は引き合う．」
ことがわかることを説明せよ．

解　物体 A と C は同じように準備されているので，同じ種類の電荷が帯電しているはずである．よって，同種の電荷は反発することがわかる．また，物体 A と B にはたらく力は物体 A と C にはたらく力とは異なり引力となる．したがって，A と C とは異なった種類の電荷が B には帯電しており，異種の電荷は引き合うと考えられる．

二つの異なる材質の物体を摩擦すると，一方は正，他方は負の電気を持つ．どちらが正になるか負になるかは，図5.3にまとめられている．

> **例題 5.2**　図 5.3 より，塩化ビニル棒を絹布で摩擦したときに塩化ビニル棒に現れる電荷は正，負のどちらか．
>
> **解**　図 5.3 より，塩化ビニル棒は負に帯電する．

物質は原子からできており，原子は**原子核**と**電子**から構成されている．原子核は正の電荷を持った**陽子**と電気的に中性な**中性子**からできている．陽子と電子の持つ電気量の大きさは等しい．その値を**電気素量**（記号 e）といい，

$$e = 1.6 \times 10^{-19} \text{ C} \tag{5.1}$$

である．通常，原子の中の陽子と電子の数は等しく，原子全体としては電気的に中性である．しかしながら，図 5.4 のように電子を引きつける力が異なった物質をこすり合わせると，一方の物質から他方の物質へ一部の電子が移動する．一方は電子が過剰になり負に帯電し，他方は電子が少なくなり正に帯電する．このように，**電荷のやりとりがあっても電気量の総和は変化しない**ことを**電気量（電荷）保存の法則**という．

5.2　クーロンの法則と点電荷の周囲の電場 ♡ ────●

帯電体の間には，力がはたらく．大きさのない点電荷を考えると，真空中の二つの点電荷の間にはたらく静電気力の大きさ $F \text{〔N〕}$ は，それぞれの電気量 $q_1 \text{〔C〕}$ と $q_2 \text{〔C〕}$ の積に比例し，点電荷間の距離 $r \text{〔m〕}$ の **2 乗に反比例する**．式で表すと，

$$F = k_0 \frac{q_1 q_2}{r^2} \tag{5.2}$$

となる [注 4]．これを**クーロンの法則**という．ここで，$k_0 = 9.0 \times 10^9 \text{ N} \cdot \text{m}^2/\text{C}^2$ は真空中の比例定数である [注 5]．

電荷 $Q \text{〔C〕}$ の近くに別の電荷 $q \text{〔C〕}$ を置くと，電荷 q には電荷 Q からの遠隔力（静電気力）がはたらく．しかしながら，電荷 Q がその周囲の空間の性質を変えて，その変化した空間に電荷 q が置かれたことによって，力がはたらいたと考えることもできる [注 6]．このような静電気力を及ぼす空間のことを**電場（電界）**という．

電場を表すベクトルを**電場ベクトル**といい，$\vec{E}$ で表す．電場中に電荷 q を置いたとき，その電荷が受ける力が $\vec{F} \text{〔N〕}$ のとき，$\vec{E}$ は

$$\vec{E} = \frac{\vec{F}}{q} \tag{5.3}$$

と定義される．したがって，電場の大きさの単位は**ニュートン毎クーロン**（記号 N/C）となる．

ガラス
雲母
髪の毛
ナイロン
毛皮
絹
木綿
琥珀
硬質ゴム
銅
銀
金
硫黄
ポリエステル
アクリル
塩化ビニル

+ に帯電しやすい（上） − に帯電しやすい（下）

図 5.3　摩擦電気系列：二つの物体を摩擦した場合，摩擦電気系列で＋の強い方が正の電荷を帯びる．物体の状態によって，順番は変化することもある．

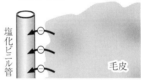

電子が移動

塩化ビニル管　　毛皮

⇓

塩化ビニル管　　毛皮

負に帯電　　正に帯電

図 5.4　物体の摩擦によって，帯電が起きるメカニズム．

注 4　力の方向は二つの点電荷を結ぶ直線の方向である．向きは $q_1 q_2 > 0$ ならば斥力で，$q_1 q_2 < 0$ ならば引力である．

注 5　空気中の場合の比例定数は真空中の場合とほとんど同じである．

注 6　静電気力を及ぼす空間そのものを考えることが重要である．

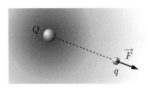

Q　　$\vec{F}$　q

図 5.5　電荷 Q が電場を作り，その電場の中に電荷 q を置いたために力がはたらくと考える．

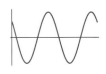

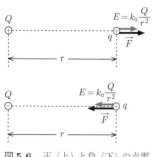

図5.6　正（上）と負（下）の点電荷によって作られる電場.

点電荷 Q が作る電場の大きさ E〔N/C〕は式 (5.2) で，$q_1 \to Q$ に置き換えることによって，

$$E = \frac{F}{q_2} = k_0 \frac{Q q_2}{r^2 q_2} = k_0 \frac{Q}{r^2} \tag{5.4}$$

と得ることができる．電場の向きは，図 5.6 のように Q が正電荷ならば Q から離れる向きになり，負電荷ならば Q に向かう向きになる．

電場はベクトルなので，複数の点電荷がある点 P に作る電場は，それぞれの点電荷が単独に作る電場を合成したものになる（図 5.7 参照）．

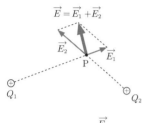

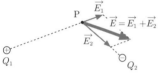

図5.7　電場の合成．上は二つの正の電荷，下は正と負の電荷による電場の合成である．

注7　向きを含めて電場をベクトルで表す．半径 r の球面上では $\vec{E} = k_0 \dfrac{Q}{r^2} \vec{n}$ で，$\vec{n}$ は球面上の外向きの法線ベクトルである．Q が正の場合は，$\vec{E} \cdot \vec{n} = k_0 \dfrac{Q}{r^2}$ で，負の場合は $\vec{E} \cdot \vec{n} = -k_0 \dfrac{|Q|}{r^2}$ となる．

注8　ガウスの法則は点電荷の場合だけでなく，電荷が分布している場合にも成り立つ．詳細は節 5.13 で述べる．

5.3　点電荷のガウスの法則 ♡

正の点電荷 Q〔C〕の周囲に，中心が点電荷の位置と一致する半径 r〔m〕の球を考える．この球面上の電場の向きは中心から外向き（離れる向き）で，その大きさは向きによらず $E = k_0 \dfrac{Q}{r^2}$ である．この電場の大きさを球面上で足し合わせる．すなわち，式 (5.4) の両辺を $4\pi r^2$ 倍すると，

$$E 4\pi r^2 = 4\pi k_0 Q \tag{5.5}$$

が得られる．ここで，右辺は球の半径に依存せずに電荷にある定数を掛けたものになっており，球面上の電場の大きさ E から中心の電荷 Q を求める式

$$Q = \frac{r^2}{k_0} E \tag{5.6}$$

が得られる．一方，中心の電荷が負の場合は，電場の向きは中心への内向きなので $E = k_0 \dfrac{Q}{r^2} = -k_0 \dfrac{|Q|}{r^2}$ を用いることにすると [注7]，電荷の正負によらず式 (5.5) が成り立つ．式 (5.5) のように，閉曲面（ここでは，球面）上の電場とその閉曲面内にある電荷を結びつける法則を**ガウスの法則**という [注8]．

5.4　電気力線 ♡

電場の様子を表すために，**電気力線**が考えられた．電気力線は矢印を伴った線である．矢印は電場の向きにとり，線は電場の中に置かれている正電荷を電場の向きに少しずつ動かすことによって得られる．電気力線は以下の性質を持つ．

- 正電荷から出て負電荷で終わるか，正電荷から出て無限遠に向かうか，無限遠から負電荷に向かうかの 3 通りしかない．
- 電気力線の接線の向きは，その接点における電場の向きを示す．
- 途中で交わったり，折れ曲がったり，枝分かれしない．
- 電場の強いところでは密，弱いところでは疎となる．

例題 5.3 電気力線の 4 つの性質の意味を説明せよ.

解
- 同じ符号の電荷同士は反発し, 正と負の電荷は引き合うことを表現している.
- これは $\vec{F} = q\vec{E}$ と等価である.
- 交わったり, 枝分かれしないのは, 合力が一つに決まることと等価である. 折れ曲がらないのは, 電場のある空間が一様であることに対応する.
- 図 5.8 からわかるように, 正の点電荷の周囲の電気力線の密度は点電荷からの距離の 2 乗に反比例して減少する. これは, クーロンの法則（点電荷のガウスの法則）と対応している.

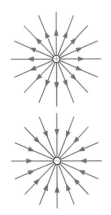

図 5.8 点電荷の周囲の電気力線の様子. 上は正電荷で, 下は負電荷.

電気力線は電場の様子を表す仮想的な線なので, 正の電荷 1 C から出る電気力線の数は任意に決めることができる. しかしながら, 単位面積を貫く電気力線の本数が電場の大きさと一致していれば便利である. そこで正の電荷 Q〔C〕から出る電気力線の本数 N を

$$N = 4\pi k_0 Q \tag{5.7}$$

と定める. 負電荷 $-Q$（ただし, $Q > 0$）には $4\pi k_0 Q$ の電気力線が入る.

図 5.9 点電荷を取り囲む閉曲面を貫く電気力線の数は, どのような閉曲面でも同じである. これは点電荷のガウスの法則に対応する.

例題 5.4 正の点電荷 Q〔C〕から出る電気力線の本数は, 式 (5.7) のように定めれば良いことを説明せよ.

解 中心に正の点電荷 Q がある半径 r〔m〕の球面を考える. この球面の表面積は $4\pi r^2$ であるから, Q から出る電気力線の本数 N を $N = \alpha Q$ と定めれば, 電気力線の密度は, $\dfrac{\alpha Q}{4\pi r^2}$ となる. 一方, この球面上の電場の大きさはクーロンの法則から, $k_0 \dfrac{Q}{r^2}$ である. 両者を一致させるためには, 式 (5.7) のように $\alpha = 4\pi k_0$ と定めれば良い.

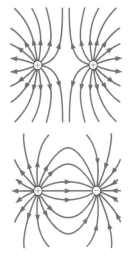

図 5.10 同じ電気量で同種（上）と異種（下）の点電荷の周囲の電気力線.

5.5 一様な電場 ♡

面積が S〔m²〕の十分に広い平面上に, 電荷 Q〔C〕の正の電荷を一様に分布させた. 電気力線は図 5.11 のように上下に対称に出る. したがって, 平

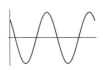

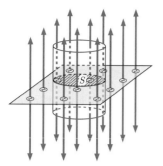

図 5.11　平面上に一様に分布した電荷による電気力線.

面の上下の電場の大きさ E〔N/C〕は以下の式で表される.

$$E = \frac{4\pi k_0 Q}{2S} = \frac{2\pi k_0 Q}{S} \tag{5.8}$$

十分大きな同じ面積をもった 2 枚の金属板を平行におく. ただし, 金属間の距離は金属板の大きさより十分小さいものとする（図 5.12 参照）. 上の金属板に正の電荷 Q を, 下の金属板に負の電荷 $-Q$ を与えると金属板間には周辺部を除いて向きと大きさが一定の電場, すなわち**一様な電場**が生じる. この電場の大きさは, 図 5.11 で考えた電場を合成することによって, 求めることができる. 上の金属板よりも上方の電場は, 上の金属板の電荷と下の金属板の電荷による電場が互いに打ち消し合うので, $\vec{0}$ N/C になる. また, 下の金属板よりも下方の電場も同じ議論によって, $\vec{0}$ N/C になる. 一方, 金属板間では, 上下の金属板の電荷による電場は強め合うので, E は以下の式で与えられる.

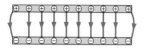

図 5.12　一様な電場. 広くて薄い平行な金属板に, 電気量が等しく異符号の電荷をそれぞれ与える.

$$E = \frac{2\pi k_0 Q}{S} - \frac{2\pi k_0 (-Q)}{S} = \frac{4\pi k_0 Q}{S} \tag{5.9}$$

5.6　電位 ♡

重力の下で質量 m〔kg〕の質点の位置エネルギーを考えたように, 静電場の中の電荷 q〔C〕の位置エネルギーを考えることができる. そして, その位置エネルギー U〔J〕を用いて,

$$V = \frac{U}{q} \tag{5.10}$$

のような位置に依存した変数 V を決めることができる. この変数を**電位**といい, 単位はボルト（記号は V）[注9] を用いる. また, 2 点間の電位の差は**電圧（電位差）**という. A 点の電位を V_A〔V〕, B 点の電位を V_B〔V〕としよう. A 点と B 点の間の電圧 V_{BA}〔V〕は, B 点の電位を基準にとると $V_A - V_B$ となる. A 点から B 点まで電荷 q を移動させるとき, 静電気力がする仕事 W〔J〕は

注 9　電圧の単位 V は, 基本単位で表すと $\frac{J}{A \cdot s} = \frac{kg \cdot m^2}{A \cdot s^3}$.

$$W = qV_A - qV_B = qV_{BA} \tag{5.11}$$

である. 逆向きの外力を加えて, ゆっくりと A 点から B 点まで動かした場合に外力がする仕事は $-W$ である.

図 5.12 で考えたような一様な電場（大きさは E〔N/C〕）中の電位を, 図 5.13 と電位の定義から考えよう. 電荷 q にはたらく力は電場の向きに大きさ qE で, 距離 d〔m〕だけ動くと, 電場のする仕事は qEd になる. したがっ

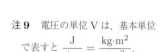

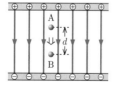

図 5.13　一様な電場中を電場の向きに, 電荷 q〔C〕を A 点から d〔m〕離れた B 点まで動かす.

て，この場合

$$V_{\mathrm{BA}} = \frac{qEd}{q} = Ed \tag{5.12}$$

となる．以上のことより，電場の単位 N/C は V/m と等価であることがわかる．

点電荷 Q〔C〕のまわりの電場の大きさは一様ではなく，距離 r〔m〕離れた点における電位 V は無限遠を基準 (0 V) にすると，

$$V = k_0 \frac{Q}{r} \tag{5.13}$$

と表すことができる．複数の点電荷がある場合，ある場所の電位はそれぞれの点電荷による電位の和になる．電位を定義するには基準点が必要である．ここで議論したように，無限遠を基準点にする以外に，地球を導体と見なして地球の電位を基準 (0 V) とすることもある．そして，回路のある部分を地球（地面）に接続してその部分の電位を地球と同じにすることを，ある部分を**接地する（アースする）**という．

電位の等しい点を連ねた面を**等電位面**という．定義より，等電位面に沿って電荷を動かしても静電気力が電荷にする仕事はゼロである．いい換えると**等電位面と電気力線は垂直になる**．等電位面のある断面を示した線を**等電位線**という．電場の様子を表すために電気力線を使うことが多いが，等電位面（線）を使って表すこともできる（図 5.15 参照）．

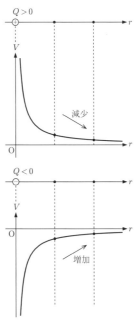

図 5.14 正電荷（上）と負電荷（下）のポテンシャルの様子．

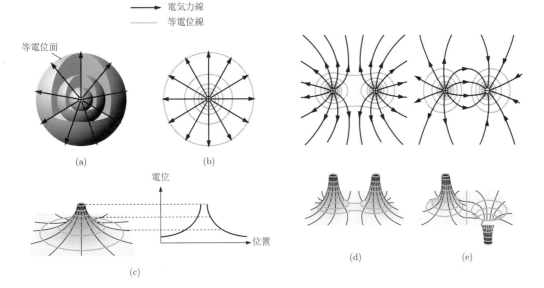

凡例:
- ── 電気力線
- ── 等電位線

図 5.15 (a, b, c) 単一点電荷のまわりの電場．(a) 等電位面と電気力線，(b) 点電荷を通るある面上の等電位線と電気力線，そして，(c) 電位の大きさを擬似的に高低で表現した図．(d, e) 二つの点電荷がある場合の等電位線．(d) 同種（正）と (e) 異種の場合．

> **例題 5.5**　真空中に一様な電場があり，電場の方向に d〔m〕だけ離れた 2 点 A，B がある．また，A の電位は B の電位よりも V〔V〕だけ高い．
>
> (1)　AB 間の電場 $\vec{E}$ の向きと大きさを求めよ．
>
> (2)　点 A に静かに置いた質量 m〔kg〕，電荷 q〔C〕の粒子が点 B に達するまでに電場からされた仕事 W〔J〕を求めよ．
>
> (3)　点 B に達したときの粒子の速さ v〔m/s〕を求めよ．
>
> **解**　(1) 点 A の方が点 B よりも電位が高いので，電場の向きは A→B となる．また，電場の大きさ E〔V/m〕は $E = \dfrac{V}{d}$ である．
>
> (2)　$W = qEd = qV$ である．
>
> (3)　力学的エネルギーの保存，$qV = \dfrac{1}{2}mv^2$，より $v = \sqrt{\dfrac{2qV}{m}}$ である．

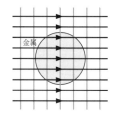

(a) 金属中の自由電子が動き始める

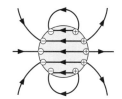

(b) 金属中の電荷分布が作る電場

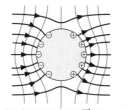

(c) 金属内部では電場が $\vec{0}$ V/m になる

図 5.16　電場中に金属を入れた場合の電子の振る舞い．

注 10　金属は歴史的には静電現象を起こさない（起こしにくい）物質という観点で認識された．

注 11　髪の毛と摩擦した下敷きなどが身近な帯電体である．

5.7　静電誘導 ◇

　物質中に自由に動くことができる電子（**自由電子**）があり，電気をよく通す物質を**金属（導体）**という [注10]．帯電体 [注11] を金属に近づけることによって，図 5.16 のように電場の中に導体を置くと，(a) 自由電子には外部からの電場が作用する．(b) そのために自由電子に力がはたらき自由電子は導体内を動く．(c) 最終的には電場がなかったときの自由電子の分布とは異なった自由電子の分布で定常状態になる．すなわち，自由電子は動かなくなる．特に，**帯電体に近い導体の表面に帯電体と異種の電荷が現れ，遠い表面に同種の電荷が現れる**ことに着目したとき，この現象のことを**静電誘導**という．

- 導体内部の電場はゼロになる．

　　導体全体が等電位になることと等価である．もしも，導体内に電場があるならば電荷の移動は継続するはずである．電荷の分布が定常状態になっているということは導体内に電場がないことを意味している．

- 電気力線が導体表面に垂直に出入りする．

　　これは，導体表面が等電位になっていることと等価である．

　静電誘導を応用して帯電した物体を検出する装置，**箔検電器**（図 5.17(a)），を作ることができる．静電誘導によって金属中の電荷の分布を変化させ，同種電荷が反発する性質を用いて電荷の分布の変化を可視化している．図 5.17(a) のように帯電した物体を箔検電器に近づけると，静電誘導によって，金属板，金属棒，そして金属箔の中の電子の分布が変化する．図 5.17(a) で

は，負に帯電した物体を近づけた場合を示している．金属箔は同種電荷のために反発して開き，帯電した物体の接近が検出できる．

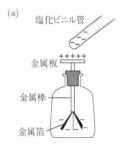
(a)

塩化ビニル管

金属板 +++++

金属棒

金属箔

例題 **5.6** 以下の操作を順番に行ったとき，箔検電器の箔はどうなるかを答えよ．また，箔に存在する電荷の正負を求めよ．なお，はじめ箔は閉じているものとする．

- 負に帯電した塩化ビニル管を箔検電器の上の金属板に近づける．
- 塩化ビニル管は動かさずに金属板に指を触れる．
- 指を離す．
- 帯電した塩化ビニル管を金属板から遠ざける．

解
- 帯電した塩化ビニル管を箔検電器の上の金属板に近づけることにより，静電誘導によって，箔には電子が過剰になり，箔は開く．
- 塩化ビニル管は動かさずに金属板に指を触れることにより，指を通って電子は逃げるので，箔は閉じる．
- 指を離しても状態の変化はない．
- 帯電した塩化ビニル管を金属板から遠ざけると，塩化ビニル管の負の電荷によって遠ざけられていた電子が金属板に戻ってくることができるようになり，箔の電子が金属板に移動する．箔内の電子が少なくなり箔は正に帯電することになり，また箔は開く．

(b)

金網

図 5.17 箔検電器．(a) 原理と (b) 静電遮蔽．

金属で囲まれた空間は金属が等電位面になるので[注12]，その空間の電場は $\vec{0}$ V/m になる．この空間にある物体は外部の電場の影響を受けない（図 5.17(b) 参照）．このように，物体を導体で囲んで外部の電場の影響をなくすことを**静電遮蔽（静電シールド）する**[注13] という．

注 12 金属で囲まれた空間内に電荷がない場合を考えている．

注 13 シールドとは剣から身を守る盾のことである．

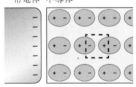

図 5.18 誘電分極．原子や分子内で正負の電荷が一様でなくなり，不導体の表面に電荷が現れる．

注 14 静電誘導が起こると，電子は金属中をマクロな距離移動する．しかしながら，誘電分極が起こる際の誘電体における電荷の移動は，ミクロである．

5.8 誘電分極◇

電気を流さない物質を**不導体**（あるいは，**絶縁体**や**誘電体**）という．不導体の小物体に帯電体を近づけると，その小物体は帯電体に引き寄せられる．これは図 5.18 のように，局所的に（分子や原子の大きさのレベルで）正負の電荷の分布が一様でなくなるためである[注14]．ただし，不導体内部では図 5.18 の点線で囲まれた部分のように，正負の電荷は同量でキャンセルするので，原子や分子内の電荷の偏りの効果は現れない．この効果が現れるのは隣

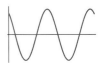

図5.19　電池の形状の概略とシンボル．長い方が＋極である．

注15　蓄えるだけで取り出せないと，蓄える意味がない．

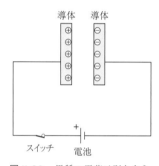

図5.20　異種の電荷は引き合う．したがって，このような構造の金属対は同じ金属単体に比べて，多くの電荷を蓄えることができる．

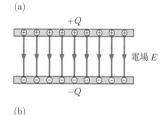

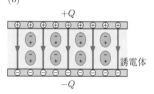

図5.21　(a) コンデンサーは電荷 Q を蓄えている．(b) 蓄えられている電荷はそのままにして，極板間に誘電率 ε の誘電体を挿入する．

の原子や分子が存在しない不導体の表面である．不導体の帯電体の近くには帯電体と異種の，そして遠くには同種の電荷が現れる．このような現象を**誘電分極**という．

5.9　コンデンサー◇

金属は自由電子を持ち金属内での電荷の移動は容易なので，電荷を蓄えるものとして便利である[注15]．この電荷を蓄えることができるものを**コンデンサー**という．特に，図5.20のように，金属板を平行に向かい合わせにおいたものを**平行板コンデンサー**という．この金属のことを**極板（電極）**という．コンデンサーに電荷を蓄えることを**充電**といい，蓄えられた電荷が電流として流れ出すことを**放電**という．

極板間は電気的に接続されておらず電池は電荷を移動させるだけなので，図5.20の極板には異種で同量の電気量がそれぞれの極板に蓄えられる．その蓄えられた電荷が Q〔C〕と $-Q$〔C〕の場合，**コンデンサーには Q の電荷が蓄えられている**という．極板間の電圧を V〔V〕とすると，

$$Q = CV \tag{5.14}$$

のように Q と V は比例し，その比例定数 C を**電気容量**と言う．その単位はファラド（記号は F）である．

極板間が真空の平行板コンデンサー（極板間の距離を d〔m〕，極板の面積を S〔m^2〕）に電荷 Q が蓄えられているとしよう．図5.12より得た式 (5.9) より，極板間の電場 E〔V/m〕には

$$E = \frac{V}{d} = \frac{4\pi k_0 Q}{S}$$

の関係があるはずである．ここで，V〔V〕は極板間の電圧である．よって，

$$Q = \frac{1}{4\pi k_0} \frac{S}{d} V \tag{5.15}$$

となる．$\varepsilon_0 = 1/4\pi k_0$ とすると，平行板コンデンサーの電気容量は

$$C = \varepsilon_0 \frac{S}{d} \tag{5.16}$$

と表すことができる．ここで，ε_0 を**真空の誘電率**という．

電荷 Q を蓄えているコンデンサーの極板間に誘電体を挿入すると，誘電分極のために誘電体には電荷によって生じる電場とは逆向きの電場が生じる．このために，極板間の電圧は誘電体がない場合に比べて小さくなる．同じ電圧ならば，誘電体が挿入されると，より多くの電荷を蓄えることができる．

誘電体を入れることによって，コンデンサーの電気容量が ε_r 倍になる場

合，ε_r をこの誘電体の **比誘電率** と呼ぶ．そして，

$$\varepsilon = \varepsilon_r \varepsilon_0 \qquad (5.17)$$

をこの物質（誘電体）の誘電率という．誘電体は大きな電場の中に置かれると壊れて電流を流すようになる[注16]．コンデンサーの場合にあてはめると，コンデンサーに過大な電圧を与えると，誘電体が破壊されてコンデンサーそのものが壊れてしまう．コンデンサーに加えることができる最大の電圧を，そのコンデンサーの **耐電圧** という．

注16 絶縁破壊という．

例題 5.7   次のそれぞれの問いに答えよ．

(1) $2.0\ \mu\mathrm{F}$ のコンデンサーに $100\ \mathrm{V}$ の電圧を加えたとき，蓄えられる電気量はいくらか．

(2) $50\ \mathrm{V}$ の電圧を加えたとき $2.0 \times 10^{-4}\ \mathrm{C}$ の電荷を蓄えるコンデンサーの電気容量はいくらか．

(3) 極板間が真空の平行板コンデンサーの電気容量が $C_0 = 100\ \mathrm{pF}$ である．このコンデンサーのすき間いっぱいに比誘電率 2.0 の誘電体を挿入したら電気容量はいくらになるか．

解 (1) $CV = (2.0 \times 10^{-6}\ \mathrm{F}) \times (100\ \mathrm{V}) = 2.0 \times 10^{-4}\ \mathrm{C}$ となる．

(2) $\dfrac{Q}{V} = \dfrac{2.0 \times 10^{-4}\ \mathrm{C}}{50\ \mathrm{V}} = 4.0 \times 10^{-6}\ \mathrm{F}$ となる[注17]．

(3) $\varepsilon_r C_0 = 2.0 \times (100 \times 10^{-12}\ \mathrm{F}) = 2.0 \times 10^{-10}\ \mathrm{F}$ となる[注17]．

注17 F の単位は大きすぎるので，$1\ [\mu\mathrm{F}] = 1 \times 10^{-6}\ \mathrm{F}$，$1\ [\mathrm{nF}] = 1 \times 10^{-9}\ \mathrm{F}$，や $1\ [\mathrm{pF}] = 1 \times 10^{-12}\ \mathrm{F}$ を使うことが多い．

5.10 コンデンサーの接続◇

二つ以上のコンデンサーを接続して，全体の電気容量や全体の耐電圧を調節することができる．その全体の電気容量を **合成容量** という．電気容量が $C_1\ [\mathrm{F}]$ と $C_2\ [\mathrm{F}]$ の二つのコンデンサー C_1 と C_2 を接続する場合を考える．

● **コンデンサーの並列接続**

コンデンサー C_1 と C_2 に加わっている電圧 $V\ [\mathrm{V}]$ は等しいので，C_1 と C_2 に蓄えられている電気量は $C_1 V$ と $C_2 V$ である．全体として蓄えられている電荷はその和になる．全体として蓄えられる電荷を $Q\ [\mathrm{C}]$ とすると，加えた電圧 V との関係は

$$Q = C_1 V + C_2 V = (C_1 + C_2)V$$

となる．これは，合成容量 $C\ [\mathrm{F}]$ が

$$C = C_1 + C_2 \qquad (5.18)$$

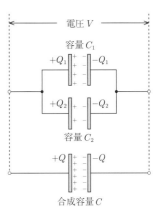

図 5.22 コンデンサーの並列接続．

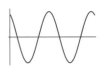

注 18 図 5.23 の点線で囲まれている部分は周囲から独立しているので電荷は保存される.

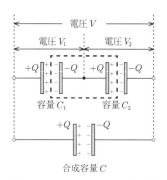

図 5.23 コンデンサーの直列接続.

注 19 $\dfrac{Q}{C} = V$ である.

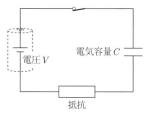

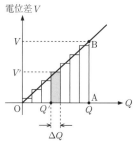

図 5.24 コンデンサーに蓄えられるエネルギー.

注 20 正確には以下の積分計算を行う.

$$\int_0^Q V' dQ' = \int_0^Q \frac{Q'}{C} dQ'$$

注 21 起電力は,電流を流していないときの電池の両端の電圧.

となることを意味している.

● コンデンサーの直列接続

コンデンサー C_1 と C_2 に蓄えられている電荷 Q は等しいので[18],C_1 と C_2 の両端の電圧は Q/C_1 と Q/C_2 である. 全体として加えられている電圧はその和になる. 全体として蓄えられる電荷 Q と加えた電圧 V との関係は

$$\frac{1}{C}Q = \frac{Q}{C_1} + \frac{Q}{C_2} = \left(\frac{1}{C_1} + \frac{1}{C_2} \right) Q = V$$

となる[19]. これは,合成容量 C 〔F〕が

$$\frac{1}{C} = \frac{1}{C_1} + \frac{1}{C_2} \tag{5.19}$$

となることを意味している.

3 個のコンデンサーの場合はまず,2 個のコンデンサーの合成容量を計算し,さらにその合成容量と 3 個目のコンデンサーの合成容量を求めれば良い. 同様に任意の個数のコンデンサーの合成容量を求めることができる.

$$並列接続 : C = C_1 + C_2 + \cdots + C_n \tag{5.20}$$

$$直列接続 : \frac{1}{C} = \frac{1}{C_1} + \frac{1}{C_2} + \cdots + \frac{1}{C_n} \tag{5.21}$$

5.11 コンデンサーのエネルギー◇

電気容量 C 〔F〕のコンデンサーが充電され端子間の電圧が V 〔V〕のときに,コンデンサーに蓄えられているエネルギー U 〔J〕は以下のように考える. 充電途中で端子間の電圧が V' 〔V〕のときに,ΔQ 〔C〕の電荷をコンデンサーに加えるために必要な仕事は $\Delta Q \cdot V'$ である. これを続けていくと図 5.24 のように,コンデンサーの両端の電圧を高くしていくことができ,そのために必要な仕事は図 5.24 の三角形 OAB であることがわかる[20]. したがって,

$$U = \frac{1}{2}QV = \frac{1}{2}CV^2 = \frac{1}{2C}Q^2 \tag{5.22}$$

となることがわかる. 一方,電池を通過する電気量は Q 〔C〕であり,電池の起電力[21]は V であるので,電池の行う仕事 W 〔J〕は

$$W = QV \tag{5.23}$$

であり,コンデンサーに蓄えられるエネルギーの 2 倍である. 電池がした仕事とコンデンサーに蓄えられたエネルギーの差は抵抗で消費されたジュール熱を考慮することによって,理解できる.

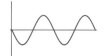

5.12　クーロンの法則と点電荷の作る電位

　力はベクトルであるので，クーロンの法則 (5.2) もベクトルを使って表すべきである．点電荷 q_1 が q_2 に及ぼす力は

$$\vec{F}_{12} = k_0 \frac{q_1 q_2}{r_{12}^2} \left(\frac{\vec{r}_{12}}{r_{12}} \right) \tag{5.24}$$

となる[注22]．ここで，$\vec{r}_{12}$ は q_1 を起点とし，q_2 を終点とするベクトルである．

> 注22　$\dfrac{\vec{r}_{12}}{r_{12}}$ は，q_1 から q_2 に向かう単位ベクトルである．

　簡単のために，原点 $\vec{r} = \vec{0}$ m にある電荷 Q の作る電場を考えよう．式 (5.24) と同様に考えると，電場の大きさのみを考慮した式 (5.4) は，

$$\vec{E} = k_0 \frac{Q}{r^2} \left(\frac{\vec{r}}{r} \right) \tag{5.25}$$

と，向きも考慮した式にすることができる．

　無限に遠い点から原点の電荷 Q に向かって電荷 q を $\vec{r}_0$ まで近づけるときに行う仕事は

$$
\begin{aligned}
W &= \int_{\infty}^{\vec{r}_0} q\vec{E}(\vec{r}) \cdot (-d\vec{r}) = \int_{\infty}^{\vec{r}_0} k_0 \frac{Qq}{r^2} \left(\frac{\vec{r}}{r} \right) \cdot (-d\vec{r}) \\
&= -\int_{\infty}^{|\vec{r}_0|^2} k_0 \frac{Qq}{r^3} \frac{d(r^2)}{2} = -\frac{k_0 Qq}{2} \int_{\infty}^{|\vec{r}_0|^2} X^{-3/2} dX \\
&= -\frac{k_0 Qq}{2} \left[-2X^{-1/2} \right]_{\infty}^{|\vec{r}_0|^2} = \frac{k_0 Qq}{|\vec{r}_0|}
\end{aligned}
$$

である[注23, 24]．したがって，単位電荷 1 C を $\vec{r}_0$ まで近づけるために必要な仕事（電位 $U(\vec{r}_0)$）は以下の式で表される．

$$U(\vec{r}_0)q = \frac{k_0 Qq}{|\vec{r}_0|} \Longrightarrow U(\vec{r}_0) = \frac{k_0 Q}{|\vec{r}_0|} \tag{5.26}$$

> 注23　$2\vec{r} \cdot d\vec{r} = d|\vec{r}|^2 = dr^2$ である．
>
> 注24　無限遠から原点に近づけるためには，積分は $-d\vec{r}$ で行わなければならない．

5.13　ガウスの法則♠

　ガウスの法則を理解するために，立体角 $d\Omega$ を定義しよう．ある面 dS を原点から見たときの立体角 $d\Omega$ を

$$d\Omega = \frac{d\vec{S} \cdot \vec{r}}{r^3} \tag{5.27}$$

と定義する．ただし，$d\vec{S} = dS\,\vec{n}$ で，$\vec{n}$ は dS と直交し外向きで[注25]大きさ 1 のベクトル（法線ベクトル）である．たとえば，原点を中心とする半径 r_0 の球の原点から見込んだ立体角は球の表面積が $4\pi r_0{}^2$ だからそれを $r_0{}^2$ で割って 4π になる．

　原点に電荷 Q があり，そのまわりを閉曲面 S が囲んでいる．その閉曲面上で $\vec{E} \cdot d\vec{S}$ を積分すると[注26]

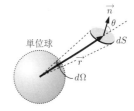

図 5.25　立体角．

> 注25　外向きとは，$\vec{r} \cdot \vec{n}$ が正となる向きである．
>
> 注26　真空の誘電率 ε_0 を使う．$k_0 = 1/(4\pi\varepsilon_0)$ に注意．ガウスの法則を扱うときは，4π が消えて便利である．

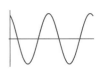

$$\int_S \vec{E} \cdot d\vec{S} = \int_S \frac{Q\vec{r}}{4\pi\varepsilon_0 r^3} \cdot d\vec{S} = \frac{Q}{4\pi\varepsilon_0} \int_S \frac{\vec{r} \cdot d\vec{S}}{r^3} = \frac{Q}{4\pi\varepsilon_0} \underbrace{\int_S d\Omega}_{4\pi}$$

$$= Q/\varepsilon_0 \tag{5.28}$$

また，閉曲面 S が電荷 Q を取り囲んでいない場合には $\int_S d\Omega = 0$ になるので $\int_S \vec{E} \cdot d\vec{S} = 0$ になる．以上まとめると，

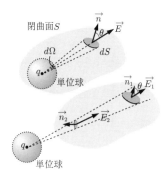

閉曲面 S

単位球

単位球

$$\varepsilon_0 \int_S \vec{E} \cdot d\vec{S} = \begin{cases} Q & (Q \text{ が } S \text{ の中にあるとき}) \\ 0\,\text{C} & (Q \text{ が } S \text{ の外にあるとき}) \end{cases} \tag{5.29}$$

となり，先に議論した点電荷の場合のガウスの法則を一般化したものになる．さらに，一般の電荷分布の場合には，

$$\varepsilon_0 \int_S \vec{E} \cdot d\vec{S} = \int_V \rho(\vec{r})\, dV \tag{5.30}$$

となる．ただし，V は閉曲面 S で囲まれた体積である．ここで，新たに $\vec{D} = \varepsilon_0 \vec{E}$ という量を導入すると，

図5.26 ガウスの法則．単位球は半径が単位長さの球である．

$$\int_S \vec{D} \cdot d\vec{S} = \int_V \rho(\vec{r})\, dV \tag{5.31}$$

と表すことができる．$\vec{D}$ は**電束密度**と呼ばれる．

例題5.8 半径 a の球内に，一様な電荷密度 ρ（正）で電荷が分布している場合の電場を求めよ．ガウスの法則を用いても良い．

解 対称性より同心球面 S 上ではすべての電場の大きさは同じで，その方向は球面に垂直で外向きである．その大きさはその球面の半径だけの関数であるから，$E(r)$ とする．この球面上でガウスの法則を適用すると，

$$\varepsilon_0 \int_S E(r)dS = \varepsilon_0 E(r) \int_S dS = \varepsilon_0 E(r)4\pi r^2$$

となる．一方，この球面 S 内にある電荷の総和 $q(r)$ は，$r < a$ のとき $q(r) = \frac{4\pi}{3} r^3 \rho$，そして $r > a$ のとき $q(r) = \frac{4\pi}{3} a^3 \rho$ となるので，ガウスの法則とあわせて，以下の式が得られる．

$$E(r) = \begin{cases} \dfrac{\rho}{3\varepsilon_0} r & r < a \\[2mm] \dfrac{\rho}{3\varepsilon_0} \dfrac{a^3}{r^2} & r > a \end{cases}$$

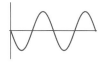

章末問題

以下の問題で数値計算を行う場合は，クーロンの法則の比例定数 $k_0 = 9.0 \times 10^9$ N·m^2/C^2，重力加速度の大きさ $g = 9.8$ m/s^2 とする．数値計算を行わない場合は，k_0, g あるいは ε_0 を用いること．

問題 5.1$^\heartsuit$　大きさが等しい二つの金属小球 A，B があり，A には $+6.0 \times 10^{-6}$ C，B には -2.0×10^{-6} C の電荷を帯電させた．

(1) 小球 A，B を 0.30 m だけ離して固定した．AB 間にはたらく静電気力は引力か斥力か．また，その大きさはいくらか．

(2) 小球 A，B を一度接触させたのちに，0.30 m だけ離して固定した．AB 間にはたらく静電気力は引力か斥力か．また，その大きさはいくらか．

問題 5.2$^\heartsuit$　図 5.27 のように，x 軸上の原点 O($x = 0$ m) に $-q$〔C〕($q > 0$)，点 A($x = -a$〔m〕，$a > 0$) に $3q$〔C〕の点電荷を固定した．今，q〔C〕の点電荷を x 軸上の $x > 0$ m のある点に置くとき，この点電荷の受ける静電気力の大きさが 0 N となる位置を求めよ．

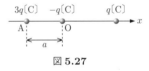

図 5.27

問題 5.3$^\heartsuit$　1 辺の長さが a の正三角形の 3 頂点 A, B, C にそれぞれ $+Q$〔C〕の正の点電荷を固定した．

(1) A の点電荷が B の点電荷から受ける力の大きさを求めよ．

(2) A の点電荷が B，C の点電荷から受ける力の合力の大きさを求めよ．次に，点 B の電荷のみ $-Q$〔C〕に変えた．

(3) A の点電荷が B，C の点電荷から受ける力の合力の大きさを求めよ．

問題 5.4$^\heartsuit$　糸の一端を固定し，他端に Q〔C〕に帯電した質量 m〔kg〕の小さい金属球 A をつける．これに，q〔C〕に帯電した小さい金属球 B を右から近づけたところ，図 5.28 のように A は鉛直方向から θ だけ B に近づく方向に傾いて静止した．このときの AB 間の距離は r〔m〕であった．Q を q, m, θ, r, k_0, g を用いて表せ．

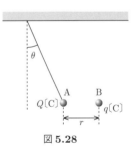

図 5.28

問題 5.5$^\heartsuit$　右向きに一様で大きさが 300 V/m の電場中に次のそれぞれの点電荷を置いたとき，この点電荷にはたらく力の向きと大きさを求めよ．

(1) $+2.0$ μC の正の点電荷．

(2) -4.0 μC の負の点電荷．

問題 5.6$^\heartsuit$　図 5.29 のように，x 軸上の点 A($x = -a$) に $-q$〔C〕，点 B($x = a$) に $+2q$〔C〕の点電荷を固定した．

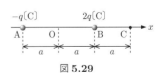

図 5.29

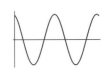

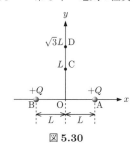

図 5.30

注 27　電場はベクトルである.

図 5.31

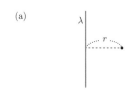

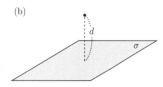

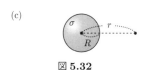

図 5.32

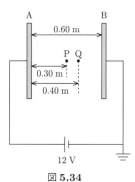

図 5.33

（1）　点 A の電荷が原点 O に作る電場を求めよ.

（2）　点 B の電荷が原点 O に作る電場を求めよ.

（3）　二つの点電荷によって原点 O に作られる電場を求めよ.

（4）　点 C $(x = 2a)$ に作られる電場を求めよ.

（5）　x 軸上で電場の大きさが 0 N/C となる位置を求めよ.

問題 5.7$^\heartsuit$　図 5.30 のように, xy 平面上の 2 点 A（座標 $(L, 0\,\mathrm{m})$）, B（座標 $(-L, 0\,\mathrm{m})$）にそれぞれ $+Q$〔C〕の点電荷を固定した.

（1）　点 C（座標 $(0\,\mathrm{m}, L)$）にできる電場の向きと大きさを求めよ[注27].

（2）　点 D（座標 $(0\,\mathrm{m}, \sqrt{3}L)$）にできる電場の向きと大きさを求めよ.

問題 5.8$^\heartsuit$　図 5.31 のように, Q〔C〕$(Q > 0)$ の点電荷を中心とする半径 r〔m〕の球面を考える.

（1）　点電荷が球面の位置に作る電場の大きさを求めよ.

（2）　球面を貫いて出る電気力線の本数はいくらか.

問題 5.9$^\heartsuit$　次の点の電場の大きさを求めよ.

（1）　図 5.32(a) のように, 無限に長い導線に線密度 λ〔C/m〕の電荷が一様に分布している. この導線から r〔m〕だけ離れた点.

（2）　図 5.32(b) のように, 無限に広い極板に面密度 σ〔C/m^2〕の電荷が一様に分布している. この極板から d〔m〕だけ離れた点.

（3）　図 5.32(c) のように, 半径 R〔m〕の金属球の表面に面密度 $+\sigma$〔C/m^2〕の電荷が一様に分布している. この球の中心から r〔m〕$(r > R)$ だけ離れた点.

問題 5.10$^\heartsuit$　図 5.33 のように, x 軸上の点 A $(x = -a)$ に $-q$〔C〕, 点 B$(x = a)$ に $+2q$〔C〕の点電荷を固定した. 電位の基準を無限遠点とする.

（1）　原点 O の電位を求めよ.

（2）　点 C$(x = 2a)$ の電位を求めよ.

（3）　x 軸上で電位が 0 V となる位置を求めよ.

問題 5.11$^\heartsuit$　図 5.34 のように, 十分に広い 2 枚の極板 A, B を距離 0.60 m だけ離して平行に置き, 12 V の電圧をかける. また, 極板 B は接地をしており電位は 0 V である. 点 P, Q は極板間の点であり, それぞれ極板 A から 0.30 m, 0.40 m だけ離れている.

（1）　点 P での電場の向きと大きさを求めよ.

（2）　点 Q での電場の向きと大きさを求めよ.

（3）　2 点 P, Q 間の電位差を求めよ.

（4）　点 P に 1.0×10^{-6} C の点電荷を置いたとき, この点電荷にはたらく力

の向きと大きさを求めよ.

(5) (4) の点電荷を点 P から点 Q までゆっくりと移動させるとき, 電場が
   した仕事を求めよ.

問題 5.12◇　図 5.35 のような Q〔C〕$(Q>0)$ に帯電した導体球 A と $-Q$〔C〕
に帯電した導体球殻 B がある. 球 A 上での電場の大きさを E_0〔N/C〕とす
る. クーロンの法則の比例定数を k_0〔N·m²/C²〕とし, 電位の基準を無限遠
点とする. 導体球 A の中心からの距離 r〔m〕の点における電場の大きさを
$E(r)$〔N/C〕とする. $E(r)/E_0$ を図 5.36 に図示せよ. $V_0 = \dfrac{k_0 Q}{a}$ とすると,
$r = a$ における電位は $\boxed{} \times V_0$ である. r〔m〕の点における電位を
$V(r)$〔V〕とする. $V(r)/V_0$ を図 5.37 に図示せよ.

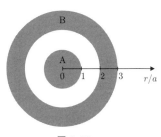

図 5.35

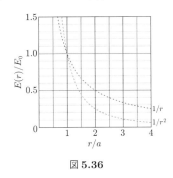

図 5.36

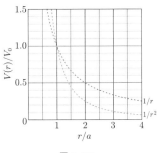

図 5.37

問題 5.13♡　図 5.38 のように, 半径 R〔m〕の金属球に, 電荷 Q〔C〕を与え
る[注28]. 球の中心を原点 O として水平右向きに x 軸をとる. 電位の基準を
無限遠点とする. このとき, x 軸上の位置 x $(x>0)$〔m〕での電位 $V(x)$〔V〕
のグラフを描け.

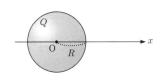

図 5.38

注 **28**　表面の電荷面密度は
$\dfrac{Q}{4\pi R^2}$ となる.

問題 5.14◇　極板面積が S〔m²〕, 極板間隔が d〔m〕である平行板コンデン
サーに, 電圧 V〔V〕の電池, スイッチを図 5.39 のように接続した. はじめ,
コンデンサーの電気量は 0 C であり, スイッチ S は開いてある. 極板間は真
空とする.

(1) はじめの状態から, スイッチ S を閉じて十分に時間が経過したのちの,
   極板間の電圧 V_1〔V〕および電場の大きさ E_1〔V/m〕を求めよ. また,
   このときのコンデンサーに蓄えられている電荷 Q_1〔C〕を求めよ.

(2) はじめの状態から, スイッチ S を閉じて十分に時間が経過したのちに,
   スイッチを入れたままで極板間隔を $2d$ にした. このときの極板間の電
   圧 V_2〔V〕および電場の大きさ E_2〔V/m〕を求めよ. また, このときの
   コンデンサーに蓄えられている電荷 Q_2〔C〕を求めよ.

(3) はじめの状態から, スイッチ S を閉じて十分に時間が経過したのちに,
   スイッチを切ってから極板間隔を $2d$ にした. このときの極板間の電圧

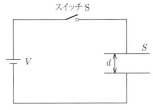

図 5.39

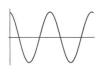

V_3〔V〕および電場の大きさ E_3〔V/m〕を求めよ．また，このときのコンデンサーに蓄えられている電荷 Q_3〔C〕を求めよ．

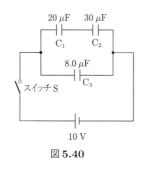

図 **5.40**

問題 5.15◇ 電気容量がそれぞれ 20 μF，30 μF，8.0 μF のコンデンサー C_1，C_2，C_3，電圧 10 V の電池 E，スイッチ S を図 5.40 のように接続した．はじめ，すべてのコンデンサーの電気量は 0 C であり，スイッチ S は開いている．

(1) 二つのコンデンサー C_1，C_2 の合成容量を求めよ．

(2) 三つのコンデンサー C_1，C_2，C_3 の合成容量を求めよ．

(3) スイッチ S を閉じて十分に時間が経過したのちの，三つのコンデンサー C_1，C_2，C_3 のそれぞれの極板間の電圧と蓄えられている電荷を求めよ．

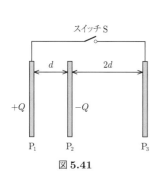

図 **5.41**

問題 5.16◇ 面積が S〔m²〕である薄い金属極板 P_1，P_2，P_3 を，図 5.41 のように P_1，P_2 の距離が d〔m〕，P_2，P_3 の距離が $2d$ となるように互いに平行に置き，スイッチ S を接続した．はじめ，すべての極板に蓄えられている電気量は 0 C であり，スイッチ S は開いている．なお，極板間は真空とし，極板の端での電場の乱れは無視できるものとする．

(1) P_1，P_2 にそれぞれ $+Q$〔C〕，$-Q$〔C〕の電荷を与えた．このときの P_1，P_2 の間の電場の大きさ E_0〔V/m〕を求めよ．

(2) P_2 の電位を 0 V としたときの P_1〔V〕の電位を求めよ．

(3) スイッチ S を閉じた．十分に時間が経過したのちの P_1 から P_3 へ移動した電気量を求めよ．

問題 5.17◇ 図 5.42(a)〜(d) のコンデンサーの容量をそれぞれ求めよ．

(a) 極板面積が S〔m²〕，極板間隔が d〔m〕である平行板コンデンサーがある．このコンデンサーの極板間を，比誘電率 $\varepsilon_\mathrm{r} = 2.0$ の誘電体で満たした．

(b) 極板面積が S，極板間隔が d である平行板コンデンサーがある．このコンデンサーの極板間に，面積は極板面積と等しく厚さ $\dfrac{d}{2}$ の金属板を挿入した．

(c) 極板面積が S，極板間隔が d である平行板コンデンサーがある．このコンデンサーの極板間に，面積は極板面積と等しく，厚さ $\dfrac{d}{2}$，比誘電率 $\varepsilon_\mathrm{r} = 2.0$ の誘電体板を極板間の中央に平行に挿入した．

(d) 極板面積が S，極板間隔が d である平行板コンデンサーがある．このコンデンサーの極板間に，面積が極板面積の $\dfrac{1}{2}$ で，厚さ d，比誘電率 $\varepsilon_\mathrm{r} = 2.0$ の誘電体板をコンデンサーの右半分に挿入した．

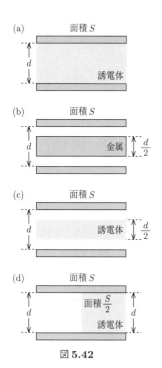

図 **5.42**

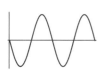

問題 5.18◇　図 5.43 のように，電気容量 C〔F〕のコンデンサー C，電圧 V〔V〕の電池 E，スイッチ S を接続した．スイッチ S を閉じて十分に時間が経過したときのコンデンサーに蓄えられている電荷を Q_0〔C〕，静電エネルギーを U_0〔J〕とする．この状態から次のそれぞれの操作を行い，十分に時間が経過した後のコンデンサーに蓄えられる電荷 Q〔C〕および静電エネルギー U〔J〕を求めよ[注29].

(1)　スイッチ S を閉じたままで，極板間隔を 2 倍にした．

(2)　スイッチ S を開いた後に，極板間隔を 2 倍にした．

(3)　スイッチ S を閉じたまま，厚さが極板間隔の 1/2 である導体を極板間に平行に入れた．

(4)　スイッチ S を開いた後に，厚さが極板間隔の 1/2 である導体を極板間に平行に入れた．

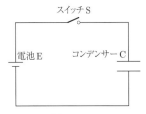

図 5.43

注 29　回路図には描かれていないが，電池やコンデンサーをつなぐ導線にはわずかな抵抗がある．

問題 5.19◇　図 5.44 のように，電気容量がそれぞれ $12.0\ \mu\mathrm{F}$，$3.0\ \mu\mathrm{F}$ のコンデンサー C_1，C_2，起電力 10 V の電池 E，スイッチ S_1，S_2 を接続した．はじめ，すべてのコンデンサーの電気量は 0 C であり，スイッチはすべて開いている[注30].

(1)　スイッチ S_1 だけを閉じて十分に時間が経過したのちの C_1，C_2 に蓄えられた電荷をそれぞれ求めよ．また，このときの C_1，C_2 の静電エネルギーの和を求めよ．

(2)　(1) の後に，スイッチ S_1 を開いてからスイッチ S_2 を閉じた．十分に時間が経過した後の C_1，C_2 に蓄えられた電荷をそれぞれ求めよ．また，このときの C_1，C_2 の静電エネルギーの和を求めよ．

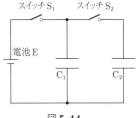

図 5.44

注 30　回路図には描かれていないが，電池やコンデンサーをつなぐ導線にはわずかな抵抗がある．

問題 5.20◇　図 5.45 のように，電気容量が C_0〔F〕，極板間隔が d〔m〕である平行板コンデンサーがある．極板にはそれぞれ $+Q$〔C〕と $-Q$〔C〕の電荷が蓄えられている．極板間の電場はどこも一様であるとする．

(1)　コンデンサーが蓄えている静電エネルギー U_0〔J〕を求めよ．

(2)　極板間の距離をゆっくりと Δx〔m〕だけ引き離したときの，コンデンサーの電気容量 C_1〔F〕および静電エネルギー U_1〔J〕を求めよ．

(3)　極板間にはたらく引力の大きさを求めよ．

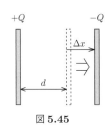

図 5.45

◆━━━━━━━━━━クーロンの逆 2 乗則━━━━━━━━━━◆

高校の教科書では，

> クーロンは，図 5.46 のような装置を使って，二つの小さな帯電体の間にはたらく力の大きさを測定し，電荷間の力の逆 2 乗則を検証した

という意味のことが書いてあります．物理学が実験科学であるという観点からは，注意しなければいけません．

　この実験の精度は，「せいぜい距離が遠くなれば力は弱くなり，その減少の度合いは距離の逆数よりも大きい程度であることがわかっただけだった」とする研究者もいます[1]．最近の研究では，そこまで悪くないが測定によって決定できた冪は 1.6 から 1.8 程度であったと推定されています[2]．また，ロビンソンも著書の中で逆 2 乗則の検証実験に触れていますが，その冪は −2.06 であると述べています[3]．いずれにせよクーロンは「世界はかくあるべし」の立場をとり，実験的検証は矛盾しなければ良いと考えていたようです注 31．

　マクスウェルはクーロンとは異なった態度で，この「逆 2 乗則」に取り組んでいます注 32．すなわち，精密な実験を行うことによって，法則の検証を行っています．彼は，逆 2 乗則を直接検証するのではなく，その法則から導かれるべき現象を調べることによって非常に精密に逆 2 乗則を検証しました．詳細は，文献[1,4,5]を参照ください．その実験によれば，2 電荷 Q_1, Q_2 間の力が，

$$F = k \frac{Q_1 Q_2}{r^{2-\delta}}$$

で表される距離 r 依存性を示す場合，逆 2 乗則からのズレ δ は $|\delta| < \dfrac{1}{21600}$ であることがわかりました注 33．

　マクスウェルの実験の精度の限界は，接触ポテンシャルのためでした．内側の球のポテンシャルを測定するために，電位計と内側の球を接触させるという行為そのものが誤差の原因になっているのです．この問題はプリンプトンとロートンによって 1936 年に回避する方法が発明されています[6]．彼らは，$|\delta| < 2 \times 10^{-9}$ であることを見い出しています．1970 年代になるとロックイン・アンプなどの測定器の進歩を生かした測定（$|\delta| < 1.3 \times 10^{-13}$）[7] や，より高い周波数による測定（$|\delta| < (1.0 \pm 1.2) \times 10^{-16}$）[8,9] などによる精度の向上が行われています．これらの実験も文献[1]で紹介されています注 34．

　クーロンの逆 2 乗則が現在の実験の精度内で正しいと確認されていることにより，我々はクーロンの法則ひいてはマクスウェルの電磁気学の理論を自然界に適用しても「多分」注 35 大丈夫だろうと考えています．一方で，その精度の向上のためには理論に裏付けられた新しい実験技術が必要であったことも忘れてはなりません．

参照文献

[2,3,4] は，書名をキーワードとして検索するとインターネット上で見つけることができます．

[1]　霜田光一，「歴史を変えた物理実験」，丸善，パリティブックス (1996).

[2]　E. Shech, "Coulomb's Electric Torsion Balance Experiments of 1785".

[3]　J. Robinson, は "A System of Mechanical Philosophy" (London, England: John Murray, 1822), vol. 4.の 68 ページに，1769 年に「同種電荷を持った球の間の逆 2 乗則の発見」を報告したと記している．また，73 ページには，力は距離 r に対して，$r^{-2.06}$ で変化することを見い出したと主張している．

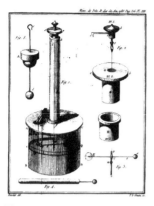

図 5.46　クーロンのねじればかり．

注 31　クーロンは，貧しい実験技術にも関わらず本質を見抜いたとも考えることができます．実験結果の説明ばかり行い，予言ができない理論家を信頼することはできません．「世界はかくあるべし」というビジョンを持って理論を構築する理論家の方が信頼できることも多いです．

注 32　マクスウェルは理論家としての側面が強調されることが多いですが，A Treatise on Electricity and Magnetism[4] には実験に関する詳細な記述も多数あり，有能な実験家でもあったようです．

注 33　マクスウェルの実験は，キャベンディッシュの実験を改良したものでした．

注 34　すごい執念ですね．

注 35　マクスウェルの方程式が証明されている訳ではありません．また，逆 2 乗則が成り立つことは光子の質量が測定誤差内で 0 kg であることも意味しています．

[4]　J. C. Maxwell, 1891, "A Treatise on Electricity and Magnetism", unabridged third edition, reprinted by Dover in 1954. 日本語訳は，木口と近藤によるものがあります．理工学総合研究所研究報告 262014-02-01, ISSN:09162054.

[5]　Y. Kondo and M. Kiguchi, 理工学総合研究所研究報告 (24), 67-73 (2012-02-01)．文献 [4] 内の測定法の理論について再検討しています．

[6]　S. J. Plimpton, and W. E. Lawton, Phys. Rev. **50**, 1066 (1936).

[7]　D. F. Bartlett, P. E. Goldhagen, and E. A. Phillips, Phys. Rev. D **2**, 483 (1970).

[8]　E. R. Williams, J. E. Faller, and H. A. Hill, Phys. Rev. Lett. **26**, 721 (1971).

[9]　L. P. Fulcher, P., Phys. Rev. A **33**, 759 (1986).

6 直流回路

電流が一方向にのみ流れる回路について考える．ただし，定常電流だけでなく時間的に変動する電流も扱う．

注 1 金属中の電荷の移動は電子の移動であることが多い．電子の電荷は負なので，電流の向きと電子の流れの向きは逆になる．

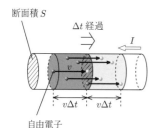

図 6.1 断面積 S の金属を通過する自由電子．自由電子の密度は n で，平均の速さ v で動いている．

6.1 電流 ♡

電荷の流れを文字通り**電流**という．電流の大きさはある断面を単位時間に通過する電気量で表し，単位には**アンペア**（記号 A）を用いる．ある断面を Δt〔s〕の間に通過する電気量を q〔C〕とすると[注 1]，電流は

$$I = \frac{q}{\Delta t} \tag{6.1}$$

と表すことができる．

図 6.1 のように，ある断面積 S〔m^2〕の導体には，自由電子が 1 m^3 あたり n 個あるものとする．ここで，電子は平均の速さ v〔m/s〕で移動していると仮定しよう．Δt の間にある断面を通過する電気量を考える．体積 $S \cdot v\Delta t$ の中にある電子の個数は $n \cdot S \cdot v\Delta t$ であり，これだけの個数の電子がある断面を通過する．そのときの通過する電気量は電子の個数に素電荷をかければ良い．したがって，これらの電子による電流の大きさ I〔A〕は

$$I = \frac{e \cdot n \cdot S \cdot v\Delta t}{\Delta t} = envS \tag{6.2}$$

と表すことができる．

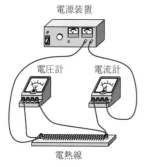

図 6.2 電熱線などの導体に電圧をかけ電流を流す．

6.2 抵抗 ♡

電池は導線をつなぐと電流を流そうとするはたらきがある．言い換えると，電池は導線内に電場を発生させて，導線内の電荷を動かすことができる．すなわち，**電圧**（電位差）を発生することができる．電池の電圧の単位は，静電場で議論した電圧と同じ**ボルト**（記号 V）である．一定の向きに流れる電流を**直流電流**と言い，直流電流を流そうとする電圧を**直流電圧**という．導体に電圧をかけて電流を流すと，電流はかけた電圧に比例することが観測さ

れる．そこで，V〔V〕を電圧，I〔A〕を電流とすると，

$$I = \frac{V}{R} \tag{6.3}$$

と表すことができる．この関係を**オームの法則**という．ここで，$1/R$ は比例
定数で，R は電流の流れにくさを表し[注2]，**電気抵抗**（**抵抗**）と呼ばれる．
抵抗の単位には，**オーム**（記号 Ω）が用いられる．抵抗の大きさは導体の種
類，形状によって変化する．抵抗の両端の電圧は $V = RI$ となり，これを抵
抗による**電圧降下**という．

　一定の断面積 S〔m^2〕で長さが l〔m〕の一様な材質の導体の抵抗 R〔Ω〕は

$$R = \rho \frac{l}{S} \tag{6.4}$$

となる．ここで，ρ は物質に固有の量で，**抵抗率**と呼ばれ，その単位は**オー
ム・メートル**（記号 Ω・m）である．

　オームの法則をミクロな視点から検討しよう．導体内部に電場がない場
合，自由電子はランダムな方向，速さで運動しており，平均するとその速度
はゼロである．ところが，長さ l の導体に電池によって，電圧 V を加えると
導体内部には大きさ V/l の電場が生じる．もしも，自由電子に抵抗がはた
らかなければ，自由電子は加速を続けることになるが，実際には熱運動して
いる原子と衝突して平均の速さ v〔m/s〕で電場と逆向きに運動する．この速
度は電子が電場から受ける力の大きさに比例すると考えるのは妥当であるの
で，その比例定数を k とすると，$eE = kv$ である[注3]．したがって，

$$eE = kv \quad \Rightarrow \quad \frac{eV}{l} = kv \quad \Rightarrow \quad v = \frac{eV}{kl}$$

となるはずである．これを式 (6.2) に代入すると，

$$I = \frac{e^2 nS}{kl} V \tag{6.5}$$

となる．すなわち，電流と電圧が比例するというオームの法則が導かれる．

6.3　ジュール熱♡

電気エネルギーを供給することができるものを**電源**という[注4]．

　抵抗 R〔Ω〕に起電力 V〔V〕の電池をつなぎ[注5]，電流 I〔A〕を t〔s〕間流し
たときに抵抗で発生する熱量 Q〔J〕は

$$Q = VIt = RI^2 t = \frac{V^2}{R} t \tag{6.6}$$

となる．この関係は**ジュールの法則**と呼ばれ，抵抗から発生する熱を**ジュー
ル熱**という．

注2　$1/R$ は電流の流れやすさを
表している．

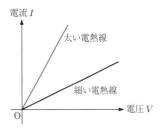

図 **6.3**　電圧と電流は比例する．

注3　$eE = kv$ でなければ，後述
の非直線抵抗になる．

断面積 S

図 **6.4**　定常電流が流れていると
きに，自由電子にはたらく静
電気力と抵抗力は大きさは等
しく向きは逆である．

注4　ここでは，電源として電池
を考えているが，水力や火力発
電所も電源である．

注5　抵抗の両端の電圧を V と
して

注 6　電力量を表す W は斜体である．仕事率の単位である W（立体）と混同しないように．

電源がある時間に行う仕事を**電力量**という．この例で，電池が行う電力量（仕事）W〔J〕は[注6]，t の間に移動させた電気量 It に起電力 V をかけたものである．すなわち，

$$W = V \cdot It = RI^2 t = \frac{V^2}{R} t \tag{6.7}$$

となる．これは，ジュール熱と等しく，電池が行った仕事はすべてジュール熱になることがわかる．また，電源が行った仕事の仕事率を**電力**と呼び[注7]，その単位には**ワット**（記号 W）が用いられる．電力を P〔W〕とすると，

注 7　電力と「力」という文字が入っているが力ではない．

$$P = VI = RI^2 = \frac{V^2}{R} \tag{6.8}$$

となる．

ジュール熱をミクロに考えよう．一つの電子が t の間に電場からされる仕事 $eE \cdot vt$ に断面積 S〔m²〕，長さ l〔m〕の導体中にある電子の数 nSl を掛けたものが，すべての電子に電場がする仕事になる．すなわち，

$$W = (eE \cdot vt)(nSl) = \left(e\frac{V}{l} \cdot vt \right)(nSl) = V(envS)t = VIt$$

となり，式 (6.7) が再現できる．

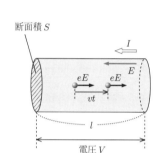

断面積 S

図 **6.5**　定常電流が流れているときに，電場が自由電子にする仕事．

6.4　抵抗の合成 ♡

複数の抵抗を接続することによって，電流の流れ方を変えたり特定の電圧を得たりすることができる．また，接続した抵抗を合わせて一つの抵抗とみなしたとき，これを**合成抵抗**という．

抵抗の接続方法には**直列接続**と**並列接続**がある．抵抗の値が R_1〔Ω〕と R_2〔Ω〕の二つの抵抗の合成を考えよう．

● 抵抗の直列接続

電流は流れにくくなる．合成抵抗 R〔Ω〕は

$$R = R_1 + R_2 \tag{6.9}$$

となる．

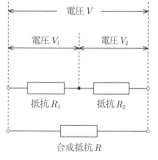

図 **6.6**　抵抗の直列接続．

例題 6.1　式 (6.9) を示せ．

解　二つの抵抗には同じ大きさの電流 I〔A〕が流れ，それぞれの抵抗で電圧降下 $R_1 I$ と $R_2 I$ を生じる．直列接続された抵抗全体での電圧降下は

$$R_1 I + R_2 I = (R_1 + R_2)I$$

となる．したがって，電気抵抗の定義より合成抵抗は $R =$

$R_1 + R_2$ となる.

- 並列接続

  電流は流れやすくなる. 合成抵抗 R は

  $$\frac{1}{R} = \frac{1}{R_1} + \frac{1}{R_2} \tag{6.10}$$

  のように抵抗の逆数[注8]を加えることによって, 求めることができる.

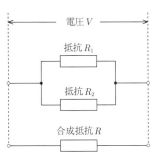

図 6.7 抵抗の並列接続.

[注8] 抵抗の逆数は電流の流れやすさと考えることができる.

> **例題 6.2** 式 (6.10) を示せ.
>
> **解** 二つの抵抗の両端の電圧はともに V〔V〕となるので, それぞれの抵抗に流れる電流の大きさは V/R_1 と V/R_2 となる. よって, 並列接続された抵抗全体に流れる電流 I〔A〕は
>
> $$I = \frac{V}{R_1} + \frac{V}{R_2} = V\left(\frac{1}{R_1} + \frac{1}{R_2}\right)$$
>
> となるので, 電気抵抗の定義より合成抵抗は $\dfrac{1}{R} = \dfrac{1}{R_1} + \dfrac{1}{R_2}$ となる.

2 本以上の抵抗の直列接続と並列接続も同様に計算できる.

直列接続: $R = R_1 + R_2 + \cdots + R_n$ $\tag{6.11}$

並列接続: $\dfrac{1}{R} = \dfrac{1}{R_1} + \dfrac{1}{R_2} + \cdots + \dfrac{1}{R_n}$ $\tag{6.12}$

6.5   電圧計と電流計◇

　電流計と電圧計は図 6.8 のように回路に挿入する. 電流計は測定したい電流を流す回路を一度切断してそこに挿入する. したがって, 測定したい電流を乱さないように, できるだけ電流計そのものの抵抗（**内部抵抗**）は小さい必要がある. 一方, 電圧計は測定したい 2 点間に並列に接続する. 電圧計に電流が流れないように[注9], 電圧計そのものの抵抗（**内部抵抗**）はできるだけ大きい必要がある.

　電流計や電圧計の測定可能な最大電流や最大電圧を大きくするために, 電流計には**分流器**を, 電圧計には**倍率器**を挿入する.

- 分流器

  電流計で測定できる最大の電流を I_0〔A〕とする. 測定可能な最大電流を n 倍にするには, 図 6.9 の回路で $(n-1)I_0$ の電流が分流器に流れれば良い. 電流計の内部抵抗を r_A〔Ω〕, 分流器の抵抗を R_A〔Ω〕と

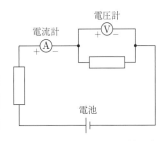

図 6.8 電圧計と電流計の接続方法.

[注9] 実際に使用されている電圧計は, 実は高感度な電流計であることが多い.

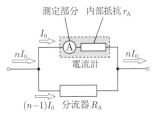

図 6.9 分流器の原理.

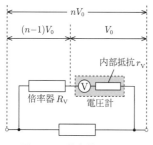

図 **6.10** 倍率器の原理.

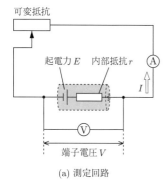

(a) 測定回路

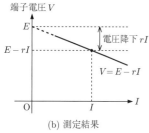

(b) 測定結果

図 **6.11** 電池の端子電圧と取り出す電流の関係. 上図は測定回路で, 下図は測定結果.

注10 内部抵抗は電流を多く取り出そうとすると, 電池の効率が悪くなることを表すものである.

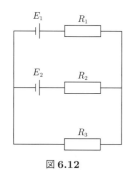

図 **6.12**

しよう. 内部抵抗と分流器での電圧降下は等しい.

$$r_{\mathrm{A}} I_0 = R_{\mathrm{A}}(n-1)I_0$$

を満たさなければならないので, $R_{\mathrm{A}} = \dfrac{r_{\mathrm{A}}}{n-1}$ が得られる.

- 倍率器

電圧計で測定できる最大の電圧を V_0〔V〕とする. 測定可能な最大電圧を n 倍にするには, 図 6.10 の回路で $(n-1)V_0$ の電圧降下が倍率器で生じれば良い. 電圧計の内部抵抗を r_{V}〔Ω〕, 倍率器の抵抗を R_{V}〔Ω〕としよう. 内部抵抗と倍率器に流れる電流は等しい.

$$\frac{V_0}{r_{\mathrm{V}}} = \frac{(n-1)V_0}{R_{\mathrm{V}}}$$

を満たさなければならないから, $R_{\mathrm{V}} = (n-1)r_{\mathrm{V}}$ が得られる.

6.6　電池◇

電池は化学エネルギーによって, 二つの端子間に電位の差 (電圧) を作る装置である. この端子間の電圧を**端子電圧**という. 図 6.11 の回路を用いて, 電池から取り出す電流 I〔A〕と端子電圧 V〔V〕の関係を測定すると, 近似的に

$$V = E - rI \tag{6.13}$$

の関係が成り立つことが多い. ここで, E〔V〕を電池の**起電力**と言い, r〔Ω〕を電池の**内部抵抗**という [注10].

6.7　キルヒホッフの法則◇

複雑な回路を考える場合には, 以下のキルヒホッフの法則を用いて各部を流れる電流や各部の電圧を計算する.

- キルヒホッフの第一法則

任意の分岐点に流れ込む電流の総和と流れ出る電流の総和は等しい.

- キルヒホッフの第二法則

回路中の任意の閉じた経路に沿って一周するとき, 電池の起電力の総和と抵抗の電圧降下の総和は等しい.

例題 6.3　起電力が $E_1 = 10$ V, $E_2 = 24$ V の内部抵抗が無視できる二つの電池と抵抗値が $R_1 = 10$ Ω, $R_2 = 20$ Ω, $R_3 = 30$ Ω の三つの抵抗を用いて**図 6.12** のような電気回路を作った. 各抵抗に流れる電流の向きと大きさを求めよ.

解　各抵抗に流れる電流の向きと大きさを図 6.13 のようにおく.

キルヒホッフの第 1 法則より

$$I_1 + I_2 = I_3$$

となる. また, キルヒホッフの第 2 法則より

(閉回路 I)：$10\,\text{V} - (10\,\Omega)I_1 + (20\,\Omega)I_2 - 24\,\text{V} = 0\,\text{V}$

(閉回路 II)：$24\,\text{V} - (20\,\Omega)I_2 - (30\,\Omega)I_3 = 0\,\text{V}$

となる. これらを連立させて, $I_1 = -0.20\,\text{A}$, $I_2 = 0.60\,\text{A}$, $I_3 = 0.40\,\text{A}$ となる. よって, R_1 の電流：左向きに 0.20 A, R_2 の電流：右向きに 0.60 A, そして R_3 の電流：左向きに 0.40 A となる.

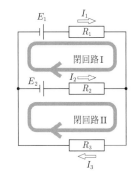

図 6.13

電流計や電圧計には内部抵抗があり, 理想的な測定器ではない. そこでこの理想的でない測定器を用いて, 抵抗を求めることができるホイートストン・ブリッジ（図 6.14）が考案された. 検流計[注11] で測定しながら電流が流れないように, すなわち D 点の電位 V_D〔V〕と B 点の電位 V_B〔V〕が等しくなるように, 抵抗 R_3〔Ω〕を変化させる. すなわち,

$$V_D = R_x \frac{E}{R_1 + R_x} = R_3 \frac{E}{R_2 + R_3} = V_B$$

となるようにする. 変形すると,

$$\frac{R_1}{R_2} = \frac{R_x}{R_3} \tag{6.14}$$

となり, 既知の R_1, R_2, R_3 より R_x が求まる[注12].

電池の端子電圧は内部抵抗のために, 電流を流すと変化してしまう. そこで, 電圧が同じならば電流は流れないことを利用して, ポテンショ・メータ（図 6.15）による電流を流さない起電力の測定方法が考案されている. まず, 起電力 E_0〔V〕がわかっている電池を接続して, 検流計 G に電流が流れない点 C を探す. この点の端からの長さを l_0〔m〕とする. 同様に, 未知の起電力 E_x〔V〕の電池を接続して, 同様に検流計に電流が流れない点を探して, その長さを l_x〔m〕とする. 未知の起電力 E_x は

$$\frac{E_x}{E_0} = \frac{l_x}{l_0} \tag{6.15}$$

と求めることができる.

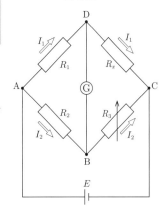

図 6.14　ホイートストン・ブリッジ. R_x が未知抵抗である.

注 11　検流計は高感度に電流の有無を判定できる電流計である. ただし, その読みの精度はかならずしも高いものではない.

注 12　ρ〔$\Omega \cdot \text{m}$〕がわかっていれば, 式 (6.4) を用いて形状がよくわかっている物体から抵抗値がよくわかった抵抗を作ることができる.

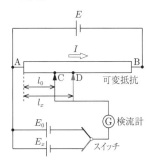

図 6.15　ポテンショ・メータ.

6.8　非直線抵抗◇

オームの法則に従わない, すなわち, 電圧と電流が比例しない抵抗のことを**非直線抵抗**という. たとえば, 白熱電球や後述のダイオードである. 図

6.16(a) に非直線抵抗と抵抗の直列接続の例を示す．ここに流れる電流を求めよう．非直線抵抗の両端の電圧 V〔V〕と流れる電流 I〔A〕とすると，

$$V + (200\ \Omega)I = 100\ \text{V}$$

が成り立つ．この式（負荷抵抗線）と非直線抵抗の特性曲線との交点から，非直線抵抗に流れる電流 I が求められる．

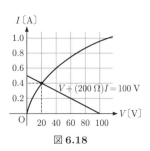

図 **6.17**

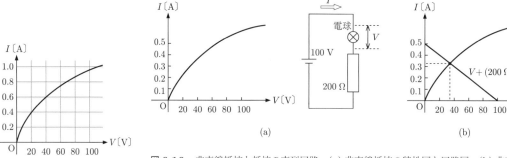

(a) (b)

図 **6.16**　非直線抵抗と抵抗の直列回路．(a) 非直線抵抗の特性図と回路図．(b) 非直線抵抗の特性図上に負荷抵抗線（斜め右下がりの直線）を引いたもの．

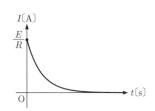

図 **6.18**

例題 6.4　図 **6.17** のような電流と電圧の関係を示す白熱電球と，200 Ω の抵抗を直列に接続して，100 V の電源に接続した．電源の内部抵抗は無視できるものとする．このとき，この回路を流れる電流の大きさ I〔A〕を求めよ．

解　スイッチが閉じている状態で白熱電球にかかる電圧を V〔V〕，電流を I とすると，キルヒホッフの法則より

$$(100\ \text{V}) - V - (200\ \Omega)I = 0\ \text{V}$$

の関係が成り立つ．よって，この式の直線と図 6.18 の曲線の交点を求めて，白熱電流に流れる電流の大きさは 0.40 A と求まる．

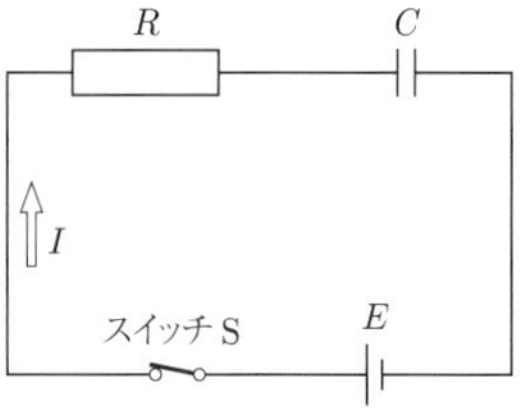

図 **6.19**　コンデンサーと抵抗の直列回路．

コンデンサーと抵抗の直列接続回路の例を図 6.19 に示す．コンデンサーに蓄えられている電荷は最初 0 C とする．スイッチを閉じた瞬間には，コンデンサーの両端の電圧は 0 V で，抵抗に流れる電流は E/R である．コンデンサーに電荷が蓄えられ電圧が上昇すると抵抗に流れる電流は減っていき，最終的には電流はゼロになる．そのときのコンデンサーの両端の電圧は E である（図 6.20 参照）．

図 **6.20**　回路を流れる電流の時間変化．

6.9　さまざまな物質◇

電気の流れやすさから，物質を大きく 3 種類に分類できる（図 6.21 参照）．

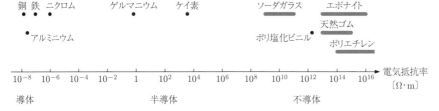

図 **6.21** 様々な物質の電気抵抗率.

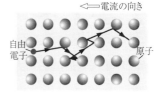

図 **6.22** 原子の熱運動による電気抵抗の増加.

- **導体**

  金属などの導体は抵抗率が小さく電気を流しやすい. 温度が t〔℃〕での導体の抵抗率 ρ〔Ω·m〕は室温のあたりでは

  $$\rho = \rho_0 \left(1 + \alpha t\right) \tag{6.16}$$

  と表すことができる. ここで, ρ_0〔Ω·m〕は摂氏 0 ℃ での抵抗率で, α は**抵抗率の温度係数**と呼ばれる. 単位は K^{-1} である. このような温度依存性は導体中の原子の熱振動が温度上昇に伴って激しくなり, 自由電子の動きを妨げるからである.

- **不導体（絶縁体）**

  ガラスや多くのプラスチックのように, 電気抵抗が非常に大きく電流をほとんど流さない物質である.

- **半導体**

  ケイ素やゲルマニウムのように, 導体と不導体の中間の抵抗率を持つ物質である. 半導体はダイオード, トランジスタなどを作る材料として重要である. 半導体の抵抗率は温度が上昇すると, 減少することが金属と大きく異なっている. これは, 原子の熱振動のエネルギーの一部が原子に束縛されていた電子に与えられ, その電子を原子の束縛から解き放つからである. この電子は半導体内を自由に動くことができ, 電流を担う. また, 電子の抜けた「穴」を**正孔（ホール）**という. これは正の電荷のように振る舞い, やはり電流を担う. このように電流を担うものを**キャリア**[注13] という.

  不純物を含まない半導体を**真性半導体**という. 一方, わずかに不純物を混ぜた半導体を**不純物半導体**[注14] と言い, n 型と p 型の 2 種類がある. n 型半導体の「n」は負 (negative), p 型半導体の「p」は (positive) の意味である. **n 型半導体** (図 6.24 参照) は, 不純物として最外殻の電子が 5 個のヒ素やリンを混入したものである. この 5 個の電子のうち 4 個はこの不純物原子が結晶の一部となるために使われる. 残り 1 個の電子は不純物原子に弱く束縛されているだけなので,

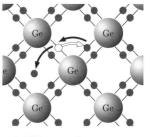

● 電子　○ ホール

図 **6.23** 熱運動によって自由電子と正孔が生じる. わかりやすくするために平面に原子を並べている.

注 13 キャリア = carrier で電荷を運ぶ（carry する）ものである. 金属のキャリアは自由電子である.

注 14 不純物の濃度は原子数比で 10^{-7} 程度.

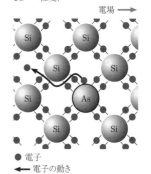

● 電子
← 電子の動き

図 **6.24** n 型半導体. 多数の自由電子がある.

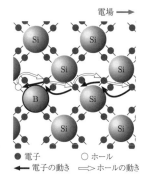

図 **6.25**　p 型半導体. 多数の正孔がある.

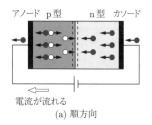

図 **6.26**　ダイオードの整流作用. (a) 順方向電圧（p 型を正, n 型を負）と (b) 逆方向電圧（p 型を負, n 型を正）.

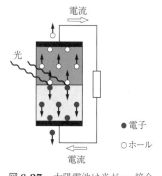

図 **6.27**　太陽電池は光が pn 接合面に到達できるダイオードと考えることができる.

室温程度の比較的低い温度で不純物原子から離れ自由電子となる. 一方, **p 型半導体**（図 6.25 参照）は, 不純物として最外殻の電子が 3 個のアルミニウムやホウ素を混入したものである. 不純物原子が結晶の一部となるためには, 本来 4 個の電子が必要であるが, 1 個足りず正孔ができる. この正孔も不純物原子に弱く束縛されているだけなので, 室温程度の比較的低い温度で不純物原子から離れ動くようになる.

6.10　半導体素子◇

p 型と n 型の半導体を組み合わせることによって, 様々な機能を持つ**半導体素子**を作ることができる.

まずは, 一つの結晶内に p 型半導体の領域と n 型半導体の領域がある **pn 接合**について議論しよう. このような構造の半導体素子のことを**ダイオード**という. 図 6.26(a) のように, **順方向**電圧（p 型を正, n 型を負）をかけた場合には, 電子はカソードから, そして正孔はアノードから, 離れようとする. そして, pn 接合面を越えることができ, 電流は流れる. pn 接合面を通過した電子と正孔は結合して消滅するが, アノードからは正孔が, そしてカソードからは自由電子が供給される. 一方, 図 6.26(b) のように**逆方向**電圧（p 型を負, n 型を正）をかけた場合には電子はアノードに, そして正孔はカソードに, 引きつけられる. このため pn 接合面の近くではキャリアが存在しない領域ができる. この領域を**空乏層**という. 絶縁体が回路の途中にあるのと同じなので, 逆方向電圧をかけた場合に電流は流れない. このように, 一方向にのみ電流を流すはたらきを**整流作用**という.

発光ダイオードは, pn 接合面で電子と正孔が対消滅するときに, それぞれが持っていたエネルギーの和が光として放出されるものである. 太陽電池は逆に pn 接合面に達した光のエネルギーによって, 電子と正孔を生成する.

小さな電流を大きな電流に変えることができる**トランジスタ**という半導体素子があり, 電子回路の重要な構成要素となっている. このように小さな変化を大きな変化に変えるはたらきを, **増幅作用**という. 図 6.28 に **npn 型ト**ランジスタの概略を示す. これは n 型半導体中に p 型半導体の薄い層を形成したものである. 上の n 型半導体の領域を**コレクタ**（記号 C）, 真ん中の薄い p 型半導体の領域を**ベース**（記号 B）, そして下の n 型半導体の領域を**エミッタ**（記号 E）という. 図 6.28 のように電池をつなぐと, エミッタから電子がベースに流入する. ところが, ベースは薄いのでほとんどの電子はベースを通りすぎてコレクタに到達する. すなわち, ベースに流れるわずかな電流がコレクタに流れる大きな電流に変換される. npn 型トランジスタと同様

に **pnp** 型トランジスタも考えることができる．この場合は電子と正孔の役割を入れ替えれば良い．

　現在では，ダイオード，トランジスタ，そしてコンデンサや抵抗などの素子を数 mm 角のケイ素板の表面に作って回路を構成する **IC**（集積回路）が発展している．集積されている素子の数に応じて **LSI**（大規模集積回路）や **VLSI**（超大規模集積回路）と呼ばれる IC もつくられている．

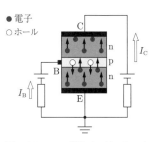

図 6.28 npn 型トランジスタ．小さなベース電流が流れると大きなコレクタ電流が流れる．

6.11　オームの法則と熱起電力

　電流は，電気分解を行ってその生成物の量と生成に必要な時間から求めたり，後述する電流と磁石の相互作用から測定することができる．しかしながら，我々が使用する「電圧を測定する多くの装置」は，オームの法則に基づいて抵抗とそこを流れる電流から電圧を測定していることが多い[注15]．したがって，オームの法則に依存せずに，電圧あるいはそれに比例する量を測定する方法がなければ，オームの法則を検証することはできない．

　そこで，2 種類の金属を 2 点で接触させて回路を作って（図 6.29 参照），検証しよう．二つの接触点の温度を T_1, T_2 とする．$T_1 = T_2$ の場合には回路に電流は流れないが，$T_1 - T_2$ に比例して電流が流れることが観測される．一方，電流を流そうとするはたらきの大きさ（電圧）は温度差に比例して大きくなると期待されるので[注16]，「$T_1 - T_2$ に比例して電流が流れる」という観測はオームの法則と等価である．

注 15　ポテンション・メータは電流を流さずに電圧を測定しているが，オームの法則を応用している．したがって，オームの法則の検証には使えない．

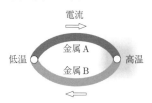

図 6.29　2 種の金属を接合し接合部に温度差をつけると，温度差に比例した電流が流れる．

注 16　「オームの法則の実験」が行われた当時は，電圧の概念がなかった．

6.12　キルヒホッフの法則の意味

　キルヒホッフの法則は，物理学のもっと一般的な保存則の，回路における表現であると考えることができる．

- キルヒホッフの第一法則

　「任意の分岐点に流れ込む電流の総和と流れ出る電流の総和は等しい．」は**電荷の保存則**そのものである．

- キルヒホッフの第二法則

　「回路中の任意の閉じた経路に沿って一周するとき，電池の起電力の総和と抵抗の電圧降下の総和は等しい．」は，**電圧**は**ポテンシャル**であることを意味している．

6.13　コンデンサーの充電♦ ─────────────────────●

図 6.19 の抵抗とコンデンサーの直列回路を，キルヒホッフの法則に基づいて検討しよう．時刻 t のコンデンサーの両端の電圧を $V(t)$ とすると，

$$E = V(t) + RI(t)$$

となる．コンデンサーに蓄えられている電荷の変化率が電流であるので，

$$\frac{dQ(t)}{dt} = C\frac{dV(t)}{dt} = I(t)$$

である．この二つの式から，微分方程式

$$E = V(t) + RC\frac{dV(t)}{dt}$$

が得られる．この微分方程式を解くために $V(t) = E + y(t)$ とおくと，

$$E = E + y(t) + RC\frac{dy(t)}{dt} \leftrightarrow y(t) = -RC\frac{dy(t)}{dt}$$

となり，$y(t) = y_0 e^{-t/(RC)}$ が得られる．y_0 は積分定数である．$t = 0\,\mathrm{s}$ で $V(t) = 0\,\mathrm{V}$ なので，$y_0 = -E$ でなければならない．したがって，

$$V(t) = E(1 - e^{-t/(RC)})$$

となることがわかる．電流 $I(t)$ は

$$I(t) = C\frac{dV(t)}{dt} = \frac{E}{R}e^{-t/(RC)}$$

となる（図 6.20 参照）．この間にコンデンサーが電池からされる仕事は，

$$\int_0^{CE} V dQ = \int_0^E V(C dV) = \frac{1}{2}CE^2$$

である[注 17]．また，電池が行う仕事は起電力 E で電荷を CE だけ動かしたので，CE^2 である．

> **注 17**　ある瞬間のコンデンサーの両端の電圧は V である．そこに，電荷 dQ を押し込む必要がある．その仕事は $V dQ$ である．ここで，電荷は $0\,\mathrm{C}$ から CE まで増やさないといけない．また，$dQ = C dV$ である．

スイッチを閉じてから，抵抗で消費される電力を計算しよう．

$$W = \int_0^\infty RI(t)^2 dt = \int_0^\infty R\frac{E^2}{R^2}e^{-2t/(RC)}dt$$

$$= \frac{E^2}{R}\left[-\frac{RC}{2}e^{-2t/(RC)}\right]_0^\infty = \frac{1}{2}CE^2$$

となり，電池のした仕事からジュール熱を差し引くとコンデンサーに蓄えられるエネルギーになる．また，ジュール熱とコンデンサーに蓄えられるエネルギーの大きさは同じである．

章末問題

問題 6.1♡　次の各問いに答えよ.

(1)　電圧 12 V の電源に 50 Ω の抵抗を接続した. この抵抗に流れる電流の大きさはいくらか.

(2)　電圧 60 V の電源に抵抗を接続して電流を流したところ, 20 A の電流が流れた. この抵抗の抵抗値はいくらか.

(3)　30 Ω の抵抗に 3.0 A の電流を流すために必要な電圧はいくらか.

問題 6.2♡　断面積 0.40 cm^2, 長さ 2.0 m の銅棒の抵抗値を求めよ. ただし, 銅の抵抗率を 1.8×10^{-8} Ω·m とせよ.

問題 6.3♡　図 6.30 のように, 断面積が 2.0×10^{-7} m^2 の銅線中を自由電子が右向きに動いている. 電子の電気量の大きさを 1.6×10^{-19} C, 銅の電子の個数密度を 8.5×10^{28} m^{-3} とする.

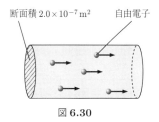

断面積 2.0×10^{-7} m^2　　自由電子

図 6.30

(1)　銅線を流れる電流の向きはどちらか.

(2)　銅線に 0.80 A の電流が流れているとき, 銅線の断面 S を 1.0 s 間に通過する自由電子の個数はいくらか.

(3)　銅線中を動く自由電子の平均の速さはいくらか.

問題 6.4♡　抵抗値が R_1, R_2, R_3〔Ω〕である 3 個の抵抗がある. これらを用いて, 図 6.31 (a)〜(c) のように接続したときのそれぞれの合成抵抗を求めよ.

問題 6.5♡　抵抗値が $R_1 = 10$ Ω, $R_2 = 10$ Ω, $R_3 = 15$ Ω である 3 個の抵抗, 電池 E, スイッチ S を図 6.32 のように接続した. 今, スイッチ S を閉じたところ, 抵抗値が R_3 の抵抗には 0.30 A の電流が流れた. 電池の内部抵抗は無視できるものとする.

(1)　AB 間の合成抵抗を求めよ.

(2)　R_1, R_2 に流れる電流の大きさを求めよ.

(3)　電池 E の電圧を求めよ.

問題 6.6♡　抵抗率が一定の 100 V 用 100 W のニクロム線がある.

(1)　このニクロム線に 100 V の電圧をかけたとき, 流れる電流と抵抗はそれぞれいくらか.

(2)　このニクロム線の長さを半分にして 100 V の電圧をかけたとき, 流れる電流と抵抗はそれぞれいくらか. また, 消費電力はいくらか.

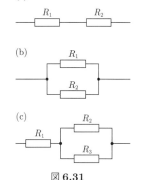

(a)　R_1　R_2

(b)　R_1　R_2

(c)　R_1　R_2　R_3

図 6.31

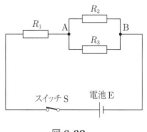

R_1　A　R_2　B　R_3

スイッチ S　電池 E

図 6.32

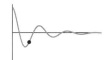

(3) (2) の状態で，電流を3分間流したときに発生するジュール熱は何Jか.

問題 6.7◇　図 6.33(a) のような電流と電圧の関係を示す白熱電球，抵抗値が 50 Ω，100 Ω の二つの抵抗，100 V の電源，スイッチ S を図 6.33(b) のように接続した．電源の内部抵抗は無視して，以下の電流の大きさを求めよ.

(1) スイッチ S が開いている状態で白熱電球を流れる電流.

(2) スイッチ S が閉じている状態で白熱電球を流れる電流.

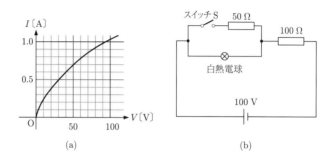

図 6.33

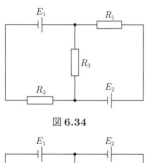

図 6.34

問題 6.8◇　内部抵抗が無視できる起電力が $E_1 = 9.0$ V，$E_2 = 14$ V の二つの電池と抵抗値 $R_1 = 30$ Ω，$R_2 = 20$ Ω，$R_3 = 10$ Ω の三つの抵抗を用いて，図 6.34 のような電気回路を作った．電池の内部抵抗は無視して，各抵抗に流れる電流の向きと大きさを求めよ.

問題 6.9◇　内部抵抗が無視できる起電力が $E_1 = 6.0$ V，$E_2 = 4.0$ V の二つの電池，と抵抗値が $R_1 = 5.0$ Ω，$R_2 = 10$ Ω である二つの抵抗と可変抵抗 R を用いて，図 6.35 のような電気回路をつくった.

(1) 可変抵抗の抵抗値を R〔Ω〕として，抵抗値が R_1，R_2 の抵抗に流れる電流の大きさをそれぞれ R を用いて表せ.

(2) 抵抗値が R_1 の抵抗に流れる電流の大きさが 0 A となるときの R を求めよ.

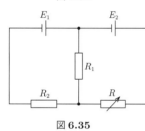

図 6.35

問題 6.10◇　内部抵抗が無視できる起電力が $E = 30$ V の電池，電気容量が $C = 3.0$ μF のコンデンサー，抵抗値が $R_1 = 10$ Ω，$R_2 = 20$ Ω の二つの抵抗，スイッチ S を用いて図 6.36 のような電気回路を作った．はじめ，コンデンサーの電気量は 0 C であり，スイッチ S は開いている.

(1) スイッチ S を閉じた直後，抵抗値が R_1 の抵抗に流れる電流の大きさはいくらか.

(2) 十分に時間が経過したのちの，抵抗値が R_1 の抵抗に流れる電流の大きさはいくらか.

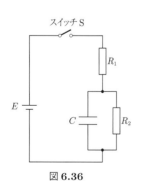

図 6.36

◆─────────ムーアの法則と量子コンピュータ─────────◆

コンピュータの性能は年々向上しています．それを支えているのは，微細加工技術の絶え間ない進歩による集積回路 (Integrated Circuit = IC) 上の，トランジスタ数の増加です．1965 年には，インテルの共同創業者のムーアが

　　　　1 枚のチップに集積されるトランジスタ数は，18 ヶ月ごとに 2 倍になる

という予測を行いました[1]．最初の CPU の一つであるインテル社の 4004 には 2300 個のトランジスタが集積されていました．今では，億以上のトランジスタが CPU に集積されています．しかしながら，この増加には原理的な限界注18 があります．

　この限界を超えて，コンピュータ性能の向上を可能にすると期待されているのが，現在注目されている量子コンピュータです．量子コンピュータのアイデアは，ファインマンの行った

　　　　量子力学的な現象を理解するための数値実験注19 は，通常のコンピュータでは効率的には行えない．量子力学を使った計算機が必要である

という指摘[2] に端を発しています．そして，ドイチュとジョサが，具体的な，ただしあまり実用的ではない，量子コンピュータが通常のコンピュータより高速に解くことができる問題例を考案しました[3]．1992 年には，ショアが素因数分解を行うための量子アルゴリズムを提案し[4]，量子コンピュータが注目されることになりました注20．なぜならば，実用的な量子コンピュータができて，素因数分解ができるようになると，インターネットのセキュリティーは確保できなくなってしまうからです．また，量子力学的な効果を使うことによって，より高感度なセンサを作る試みも行われています．

　量子コンピュータは，量子力学の以下の二つの特徴を活用して計算を行います．

- 重ね合わせ状態

　　図 6.37 のように箱の中に粒子が一つあるとしましょう．仕切りを入れると，粒子は仕切りの右側にあるか，左側にあるかのどちらかです．このような箱と粒子によって，右か左かの 1 ビットの情報を持つことができます注21．この状況を量子力学に基づいて考えると奇妙なことが起こります（図 6.37 参照）．箱を開けてみるまで粒子がどちら側にいるかわからないので，「両方にいる」と考えるのです注22．ですので，右にいる場合と左にいる場合の 2 通りの状態に対する「計算」が同時に実施できることになります．このような箱と粒子の組み合わせが n 個あると，2^n の場合を一気に検討できることになります．

- 絡み合った状態

　　重ね合わせ状態よりももっと奇妙なことが起こります．2 個の粒子を一つの箱に入れて，仕切りを入れましょう（図 6.38 参照）．絡み合った状態とは，粒子が「左側にいるか右側にいるかどうかはわからない」のに「手前の粒子が左側にあれば，奥の粒子も左側にある」と「手前の粒子が右側にあれば，奥の粒子も右側にある」ということが（正確な表現ではありませんが）同時に起こっている状態です．そんな馬鹿なことは起こるはずがないですね？アインシュタインもそんな馬鹿な状態があるはずがないと考えて，論文を書きました[5]．ところが，驚くべきことに実験的に「そんな馬鹿な状態」が存在することが証明されてしまいました[6]．

注18　トランジスタを一つ構成するために必要な原子の数は 1 以上です．

注19　数値実験とは，モデルに基づいた数値計算によって，どのようなことが起こるかを調べる研究方法のことです．

注20　素因数分解の難しさに基づいた RSA 暗号によって，インターネットのセキュリティーが確保されています．

注21　選択肢が二つある場合に，どちらかを指定することができるという意味で情報を持っている訳です．

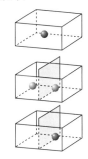

図 6.37　1 番上の図は，箱に仕切りがありません．2 番目の図は，あまり正確な表現ではありませんが，「両方にいる」と考えられる状態です．1 番下の図は，箱を開いて「右側にいる」ことが確定した状態です．

注22　前章のコラムで議論した光の偏光に当てはめると，$\theta = \pi/4$ の偏光になっている状態です．

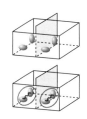

図 6.38　上の図では，手前の粒子と奥の粒子が右側にいるか左側にいるかは，独立です．下の図では，手前の粒子と奥の粒子が右側にいるか左側にいるかは，強く関係しています．

筆者が2000年に量子コンピュータの研究に関与しはじめたときは，

　　　量子コンピュータなんて「絶対」実現しない

注23　実現しないと信じているの
に，なぜ研究を行うか？　それ
は，「面白い」からです．

と信じていました[注23]．多分，当時多くの人もそうだったと思います．素晴らしい
ことに，今その「自信」は大きく揺らいでいます．最近の量子コンピュータの話題に
ついては，参考文献[7]を読んでください．

参照文献

[1]　G. E. Moore, "Cramming more components onto integrated circuits",
Electronics **38**, No. 8, April 19, 1965.

[2]　R. P. Feynman, "Simulating Physics with Computers", International
Journal of Theoretical Physics, **21**, Nos. 6/7, 1982.

[3]　D. Deutsch and R. Jozsa, "Rapid solution of problems by quantum
computation", Proceedings of the Royal Society of London A, **439**:
553, 1992.

[4]　P. W. Shor, "Algorithms for Quantum Computation: Discrete Log and
Factoring", In Proceeding of 35th IEEE FOCS, pp.124-134, Santa Fe,
NM, Nov. 20-22, 1994.

[5]　A. Einstein, B. Podolsky, and N. Rosen, "Can Quantum-Mechanical
Description of Physical Reality Be Considered Complete?", Phys. Rev.
47, 777, 1935. もっとも有名な「間違った」論文の一つと思います．「正し
いか，間違っているか」よりも，「正しく考えている」ことが重要であること
を示しています．

[6]　A. Aspect, P. Grangier, and G. Roger, "Experimental Tests of Realistic
Local Theories via Bell's Theorem", Phys. Rev. Lett. **47**, 460, 1981.

[7]　日経サイエンス　2018年4月号，「量子コンピュータ」特集．

[8]　Newton別冊「量子論のすべて 新訂版」，ニュートンプレス (2019).

[9]　日経サイエンス　2020年2月号，「量子超越，エマージングテクノロジー」
特集．

7

磁場と電流

　磁場と相互作用する物体（磁性体）について考察した後に，磁場と電流の間の相互作用について考える．

7.1　磁極とクーロンの法則 ♡

　磁石は鉄片に引力を及ぼしたり，磁石間で力がはたらく．このような磁石に関与した力を**磁気力**という．磁石の両端には，特に強い磁気力を示す**磁極**がある．磁極には **N 極**と **S 極**があり[注1]，同種の極の間には斥力が，異種の極の間には引力がはたらく．静電気力の場合と異なり，N 極だけまたは S 極だけの磁石（単極磁石）[注2]は発見されていない．

　磁極の強さを表す量は**磁気量**と呼ばれ，その単位は**ウェーバ**（記号 Wb）である．また，N 極の磁気量を正，S 極の磁気量を負と定義する．磁極の間にも電荷間のクーロンの法則と同様な法則があり，**磁気力に関するクーロンの法則**

$$F = k_{\mathrm{m}} \frac{m_1 m_2}{r^2} \tag{7.1}$$

が成り立つ[注3]．ここで，m_1〔Wb〕，m_2〔Wb〕は力を及ぼし合っている磁極の磁気量，r〔m〕は磁極間の距離，そして k_{m}〔Nm²/Wb²〕は比例定数である．真空中に 1 m 離して置かれた強さが同じ磁極間にはたらく力の大きさが 6.33×10^4 N のとき，その磁極の強さを **1 ウェーバ**（記号 Wb）とする．真空中での k_{m} の値は以下の通りである[注4]．

$$k_{\mathrm{m}} = 6.33 \times 10^4 \ \mathrm{N \cdot m^2/Wb^2}$$

7.2　磁場 ♡

　電場と同様に，磁極が磁気力を受ける空間を**磁場（磁界）**という．磁場中に磁気量 m〔Wb〕の磁極を置いたときにはたらく磁気力が $\vec{F}$〔N〕の場合，その点での磁場は

$$\vec{H} = \frac{\vec{F}}{m} \tag{7.2}$$

注1　静電気力の正負の電荷に対応する．

注2　発見の報告はあったが，検証されていない．

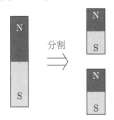

図 7.1　磁石は分割しても分割面に N 極と S 極が現れ，N 極だけあるいは S 極だけの磁石を作ることはできない．

注3　力の向きは二つの磁極を結ぶ直線方向である．静電気力の場合と同じく F が負ならば引力，正ならば斥力となる．

注4　十分に長い磁石の磁極は近似的に単極磁石と見なすことができる．

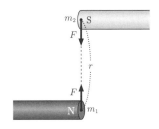

図 7.2　磁極間にはたらく力．

注5　次節で説明するように，磁場
の単位には N/Wb の他に A/m
がしばしば用いられる．

注6　偶力の例である．

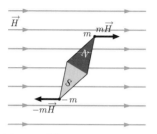

図7.3　磁場中の磁石にはたらく
力．磁石を磁場の向きに向け
るような力のモーメントが作
用する．

注7　電気力線と比較すること．

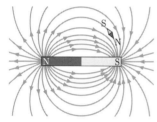

図7.4　磁石の周囲の磁力線．

注8　南極や北極では水平面に垂
直になり，磁石は役に立たない．

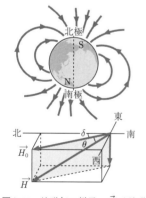

図7.5　地磁気の様子．$\vec{H}$ は地磁
気を表すベクトルで，$\vec{H_0}$ は水
平分力である．

で定義される．したがって，磁場の単位は，**ニュートン毎ウェーバ**（記号
N/Wb）となる[注5]．複数の磁極が作る磁場はそれぞれが単独で作る磁場を
合成すれば良い．磁場中に磁石を置いたときにはたらく力は図 7.3 のように
なり，磁石を磁場の向きに向ける力のモーメントが磁石に作用する[注6]．

例題 7.1　大きさが 20 N/Wb である磁場中に，磁気量が 2.0×10^{-8} Wb の磁極を置いた．この磁極が受ける力の大きさを求めよ．

解　大きさが H〔N/Wb〕の磁場中で磁気量が m〔Wb〕である磁極が
受ける力の大きさ F〔N〕は，$F = mH$ であるので

$$F = (2.0 \times 10^{-8} \text{ Wb}) \times (20 \text{ N/Wb}) = 4.0 \times 10^{-7} \text{ N} \tag{7.3}$$

となる．

　磁場の様子を表すために，**磁力線**が考えられた[注7]．磁力線は矢印を伴っ
た線である．矢印は磁場の向きにとり，線は磁場の中に置かれている小さな
磁針（磁石）を N 極が示す向きに少しずつ動かすことによって得られる．磁
力線は以下の性質を持つ．

- N 極から出て S 極で終わるか，N 極から出て無限遠に向かうか，無限
  遠から S 極に向かうかの 3 通りしかない．
- 磁力線の接線の向きは，その接点における磁場の向きを示す．
- 途中で交わったり，折れ曲がったり，枝分かれしない．
- 磁場の強いところでは密，弱いところでは疎となる．

　身近な磁場である地球の磁場（**地磁気**）の概略を図 7.5 に示す．地球の自
転から決まる南極あるいは北極と磁極の位置は少しずれているので，磁針の
示す北と南は北極と南極から少しずれている．このズレの角度を**偏角**（図
7.5 の角度 δ）という．また，赤道では磁場は水平面と平行だが緯度が高い
ところでは水平面とある角度をなす[注8]．この角度を**伏角**（図 7.5 の角度 θ，
「ふっかく」と読む）といい，地磁気の水平方向の成分を**水平分力**という．

7.3　電流が作る磁場♡

　電流を流すと近くにある磁針が振れる（力がはたらく）ことより，電流は
磁場を発生することがわかった．電流の周囲に小さな磁針を置いて磁場の様
子を調べると，直線電流では**電流の向きに右ネジの進む向きを合わせると，
磁場の向きは右ネジのまわる向きである** ことがわかる．これを**右ネジの法
則**という．また，電流 I〔A〕の周囲の磁場の大きさは電流からの距離を r〔m〕

とすると,

$$H = \frac{I}{2\pi r} \tag{7.4}$$

となる[注9]. 磁場の単位は N/Wb であったが, このことより**アンペア毎メートル**（記号 A/m）と表すこともできることがわかる.

半径 r の大きさ I の円形電流が作る磁場の中心での大きさは,

$$H = \frac{I}{2r} \tag{7.5}$$

となる[注10]. N 回巻かれている場合は, N 個の円形電流によって作られる磁場の和と考えて N 倍すれば良い.

$$H = N\frac{I}{2r} \tag{7.6}$$

導線をらせんに巻き, 十分に長い円筒状にしたものを**ソレノイド**という. このソレノイドに電流 I を流すと, ソレノイドの内側には両端を除いてほぼ一様な磁場

$$H = nI \tag{7.7}$$

が発生する[注11]. ここで, $n\,[\mathrm{m}^{-1}]$ は 1 m あたりの巻き数である.

7.4　電流が磁場から受ける力 ♡

磁場中の導線に電流を流すと, 導線は図 7.9 のように電流と磁場の両方に垂直な向きに力を受ける. 磁場, 電流, そして生じる力の関係は**左の中指を電流の向き, 人差し指を磁場の向き**に合わせると, **親指が力の向き**を示すという**フレミングの左手の法則**にまとめることができる. 真空中で磁場 $H\,[\mathrm{A/m}]$ の中に長さ $l\,[\mathrm{m}]$ の導線を磁場と直交するように置き, 電流 $I\,[\mathrm{A}]$ を流すと, 生じる力の大きさは

$$F = \mu_0 I H l \tag{7.8}$$

となる. ここで, $\mu_0 = 1.26 \times 10^{-6}\ \mathrm{N/A^2}$ は比例定数で**真空の透磁率**と言われる[注12]. 様々な物質の透磁率 μ が測定されている. 後述する鉄のような強磁性体以外の物質の透磁率はほぼ μ_0 と同じである. また, その物質の透

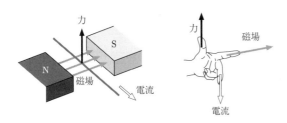

図 7.9　フレミングの左手の法則.

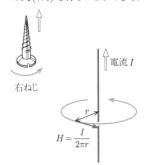

注 9　後述のアンペールの法則から式 (7.4) を得ることができる.

図 7.6　直線電流の周囲にできる磁場の様子.

図 7.7　円形電流が作る磁場.

注 10　後述のビオ・サバールの法則から式 (7.5) を得ることができる.

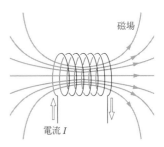

図 7.8　ソレノイドが作る磁場.

注 11　後述のアンペールの法則から式 (7.7) を得ることができる.

注 12　2019 年より, 国際単位系において μ_0 は定義値ではなくなった. 透磁率の単位は Wb/(A·m) と表すこともできる.

注 14　$\mathrm{T} = \dfrac{\mathrm{N}}{\mathrm{A}^2} \cdot \dfrac{\mathrm{A}}{\mathrm{m}} = \dfrac{\mathrm{kg}}{\mathrm{A \cdot s}^2}$.

また，$\mathrm{T} = \dfrac{\mathrm{Wb}}{\mathrm{A \cdot m}} \cdot \dfrac{\mathrm{A}}{\mathrm{m}} = \dfrac{\mathrm{Wb}}{\mathrm{m}^2}$

図 7.10

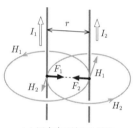

図 7.11

磁率 μ と真空の透磁率 μ_0 の比 $\mu_\mathrm{r} = \dfrac{\mu}{\mu_0}$ をその物質の比透磁率という．電流にはたらく力は μH と電流 I の積になるので，新たに

$$\vec{B} = \mu \vec{H} \tag{7.9}$$

という物理量を考え，磁束密度という[注 13]．単位はテスラ（記号 T）[注 14] である．磁力線と同様に磁束線を考えることができる．

　磁場と導線のなす角が $90°$ でなく θ の場合，磁場の電流に垂直な成分は $H \sin\theta$ となるので，力の大きさは以下の式で与えられる．

$$F = \mu_0 I H l \sin\theta = I B l \sin\theta \tag{7.10}$$

例題 7.2　図 7.10 のように，磁束密度の大きさが $2.0\ \mathrm{T}$ の一様な磁場中に，磁場とは垂直な方向に $5.0\ \mathrm{A}$ の電流を流した．この導線 $1.0\ \mathrm{m}$ あたりにはたらく力の向きと大きさを求めよ．

解　はたらく力 $\vec{F}$ の向きと大きさは以下の通りである．

　　向き：　図 7.11 の黒矢印の向き

　　大きさ：　$IBl = (5.0\ \mathrm{A}) \times (2.0\ \mathrm{T}) \times (1.0\ \mathrm{m}) = 1.0 \times 10\ \mathrm{N}$

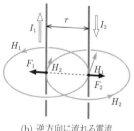

(a) 同方向に流れる電流

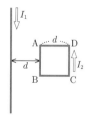

(b) 逆方向に流れる電流

図 7.12　平行に置かれた直線状の 2 本の導線間にはたらく力．

真空中に距離 r〔m〕離して平行に置かれた十分に長い 2 本の直線状の導線 1 と 2 にそれぞれ電流 I_1〔A〕と I_2〔A〕が同じ向きに流れている（図 7.12(a) 参照）．導線 1 が導線 2 の場所に作る磁場の大きさは式 (7.4) より，$H_1 = \dfrac{I_1}{2\pi r}$ である．そこに電流 I_2 が流れているので，導線 2 の長さ l の部分にはたらく力は式 (7.8) より $F_2 = \mu_0 I_2 H_1 l$ となる．まとめると，

$$F_2 = \mu_0 I_2 H_1 l = \mu_0 I_2 \frac{I_1}{2\pi r} l = \mu_0 \frac{I_1 I_2}{2\pi r} l \tag{7.11}$$

となる．導線 1 の長さ l の部分にはたらく力の大きさ F_1〔N〕も同様に求めることができ，$F_1 = F_2$ となる．力の向きはフレミングの左手の法則より引力であることがわかる．電流が逆向きの場合は斥力になる（図 7.12(b) 参照）．

例題 7.3　真空中に置かれた長い直線導線に大きさ I_1〔A〕の電流が図 7.13 の向きに流れている．また，直線導線と同一平面内に 1 辺の長さが d〔m〕の正方形の閉回路 ABCD がある．閉回路の 1 辺 AB は直線導線と平行で，直線導線から d だけ離れている．今，閉回路に大きさ I_2〔A〕の電流を図 7.13 の向きに流すとき，閉回路にはたらく力の向きと大きさを求めよ．真空中の透磁率は μ_0〔N/A^2〕である．

図 7.13

解 閉回路の辺 AD が受ける上向きの力と辺 BC が受ける下向きの力はつり合う．正方形の閉回路は変形しないので，閉回路 ABCD が受ける力は，辺 AB と CD が受ける力の合力を求めれば良い．直線電流が辺 AB, CD の位置に作る磁束密度の大きさをそれぞれ B_1〔T〕，B_2〔T〕として，閉回路の辺 AB, CD を流れる電流が直線電流による磁場から受ける力をそれぞれ $\vec{F_1}$, $\vec{F_2}$ とする．それぞれの力の向きは図 7.14 の矢印となる．また，それぞれの力の大きさは，

$$F_1 = I_2 B_1 d = I_2 \cdot \frac{\mu_0 I_1}{2\pi d} d = \frac{\mu_0 I_1 I_2}{2\pi}$$

$$F_2 = I_2 B_2 d = I_2 \cdot \frac{\mu_0 I_1}{2\pi \cdot 2d} d = \frac{\mu_0 I_1 I_2}{4\pi}$$

となるので，閉回路 ABCD にはたらく力の向きは $F_1 > F_2$ より図の左向きであり，合力 F の大きさは以下の通りである．

$$F = F_1 + (-F_2) = \frac{\mu_0 I_1 I_2}{2\pi} - \frac{\mu_0 I_1 I_2}{4\pi} = \frac{\mu_0 I_1 I_2}{4\pi}$$

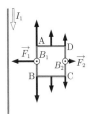

図 7.14 ⊙ は I_1 が作る磁場の向きが，紙面後ろから前であることを表している．

7.5 磁性体◇

　磁場中に置かれた物質が磁石の性質をもつようになることを**磁化**するという．鉄，コバルト，ニッケルのような物質は磁場の向きに強く磁化され，磁場を除いた後も磁化されたままである．このような物質を**強磁性体**という．通常，強磁性体の透磁率は極めて大きい．一方，空気やアルミニウムのように磁場の向きにわずかに磁化される物質を**常磁性体**という．逆に磁場の向きと逆向きにわずかに磁化される物質のことを**反磁性体**という[注 15]．

7.6 ローレンツ力♡

　電荷を持った粒子（荷電粒子）が磁場中を動くと力を受ける．このような力を**ローレンツ力**という．電荷 q〔C〕を持った粒子が磁束密度 B〔Wb/m²〕の磁場に対して直交するように速さ v〔m/s〕で動くと，その力の大きさは

$$f = qvB \tag{7.12}$$

であり，磁場と速度の両方に垂直な力を受ける．荷電粒子の運動は電流と見なすことができるので，フレミングの左手の法則から力の向きがわかる（図 7.16 参照）．また，磁場と荷電粒子の速度のなす角が θ のときには，式 (7.10) と同様に，はたらく力を表す式に $\sin\theta$ が必要で，次の式のようになる．

$$f = qvB\sin\theta \tag{7.13}$$

(a) 強磁性体

(b) 常磁性体

(c) 反磁性体

図 7.15 (a) 強磁性体，(b) 常磁性体，そして (c) 反磁性体．

注 15　シャープペンシルの芯の主成分の黒鉛は反磁性体であるが，メーカごとに製法や成分が異なり様々な磁性を示す．

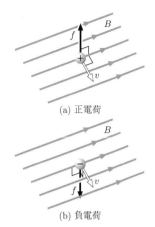

図 **7.16**　磁場中を運動している荷
電粒子にはたらく力.

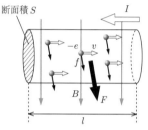

(a) 正電荷

(b) 負電荷

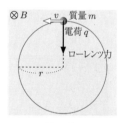

図 **7.17**　フレミングの左手の法則
をローレンツ力から理解する.

注 16　電子は金属の外にはみ出す
ことはないから，電子にはたら
く力は導線に伝えられる.

注 17　μ は導線の透磁率である.
強磁性体でなければ $\mu = \mu_0$ と
近似できる.

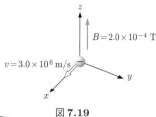

図 **7.18**　一様な磁場中の荷電粒子
の運動. $\otimes$ は，磁場の向きが
紙面前から後ろであることを
表している.

図 **7.19**

式 (7.8)（あるいは，式 (7.10)）は，以下のように電子にはたらくローレン
ツ力の合力と考えることができる．図 7.17 のように，この電子にはたらく
力の大きさは[注16] $f = evB = ev\mu H$ である[注17]．断面積が S〔m^2〕，長さ
l〔m〕の導線の中に存在する電子の個数は $N = nSl$ である（ただし，n は電
子の密度）．l の導線の中にある電子全体に作用する力 F は，

$$F = fN = \mu evHnSl = \mu(evnS)Hl = \mu IHl$$

となり，式 (7.8) と一致する．ここで，$I = evnS$ であることを用いた.

　一般に，一様な磁束密度 B の磁場中を質量 m〔kg〕，電荷の大きさ q の荷
電粒子が速さ v で動くと，この粒子は磁場からローレンツ力を受ける．ロー
レンツ力の向きは荷電粒子の速度の向きと常に垂直であるので，荷電粒子の
速さは一定であり，ローレンツ力を向心力とした等速円運動を行う．荷電粒
子と一緒に動く観測者から見れば，ローレンツ力と遠心力がつり合う．すな
わち，

$$m\frac{v^2}{r} = qvB \tag{7.14}$$

なので，その半径 r〔m〕は

$$r = \frac{mv}{qB} \tag{7.15}$$

となる．また，等速円運動の周期 T〔s〕は

$$T = \frac{2\pi r}{v} = \frac{2\pi m}{qB} \tag{7.16}$$

となり，荷電粒子の速さに関係なく一定である．このような運動を**サイクロ
トロン運動**という.

例題 7.4　図 7.19 のように，一様な磁束密度 $B = 2.0 \times 10^{-4}$ T の
磁場中を，電子が磁場に対して垂直に $v = 3.0 \times 10^6$ m/s の速さで
運動している．この瞬間に電子にはたらく力を図に示し，その大き
さと電子に生じる加速度の大きさを求めよ．ただし，電子の質量は
9.1×10^{-31} kg，電荷は -1.6×10^{-19} C である.

解　電子にはたらく力 $\vec{F}$ は

　向き：y 軸方向（図 7.20 の矢印 $\vec{F}$）

　大きさ：$qvB = (1.6 \times 10^{-19}$ C$) \times (3.0 \times 10^6$ m/s$) \times (2.0 \times 10^{-4}$ T$)$

$\qquad\qquad = 9.6 \times 10^{-17}$ N

となり，運動方程式より加速度の大きさは，以下のようになる．

$$\frac{F}{m} = \frac{9.6 \times 10^{-17}\ \mathrm{N}}{9.1 \times 10^{-31}\ \mathrm{kg}} = 1.1 \times 10^{14}\ \mathrm{m/s^2}$$

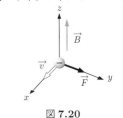

図 7.20

磁場に斜めに入射した荷電粒子の場合は，粒子の運動を磁場に垂直な面内と磁場と平行な方向に分解して考える．磁場に垂直な面内の運動はサイクロトロン運動と同じである．磁場と平行な方向の運動は磁場から力を受けないので，等速運動を行う．これらの運動を合成すると，磁場に斜めに入射した荷電粒子はらせん運動を行う（図 7.21 参照）．

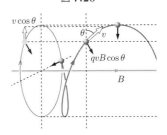

図 7.21 磁場に斜めに入射した荷電粒子の運動．

太陽からきた荷電粒子は，地磁気の磁力線に巻き付くようにして，磁力線にガイドされて南極や北極の付近に到達する（図 7.22 参照）．そこで，空気中の分子と衝突して発光現象を起こすのがオーロラである．したがって，通常は高緯度地方でしか見られない．ただし，太陽活動が活発で太陽からの荷電粒子が多い場合には，比較的低緯度の北海道でも見られることがある．

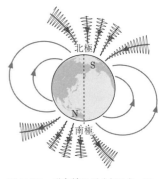

図 7.22 磁力線のガイドによって荷電粒子が南極や北極の近くに到達する．

7.7　サイクロトロン◇

サイクロトロン運動を応用した粒子加速器が作られており，**サイクロトロン**という．図 7.23 のように，サイクロトロンでは中心付近から出た荷電粒子が一様な磁場中を円運動して，間隙を通る度に高周波高電圧によって間隙に作られた強い電場によって加速される．加速の度に荷電粒子の速さは増すが，円運動の周期は変化しない[注18]ので，一定の周波数の高周波高電圧によって加速することができる．荷電粒子の速さが大きくなるにつれて，円運動の半径は大きくなりやがて荷電粒子は一様な磁場から外に出て行く．

注18 光速に近い速さになると質量が増えるので，「周期一定」は成り立たなくなる．

質量 m〔kg〕，電荷 q〔C〕の荷電粒子が到達する速さ v〔m/s〕は，一様な磁場の領域の半径を R〔m〕，磁束密度の大きさを B〔T〕とすると，$v = qBR/m$ となる．また，そのときの運動エネルギーは

$$\frac{1}{2}mv^2 = \frac{1}{2}m\left(\frac{qBR}{m}\right)^2 = \frac{q^2B^2R^2}{2m} \tag{7.17}$$

となる．運動エネルギーは磁場の 2 乗と半径の 2 乗の積に比例するので，大きな磁場，大きな磁石の装置が競って作られた．

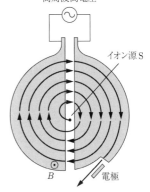

図 7.23 サイクロトロン．

7.8　ホール効果◇

金属などを流れている電流に対して垂直に磁場をかけると，電流と磁場の両方に垂直な方向へ起電力が生じる．この現象を**ホール効果**といい，ホール効果によって生じる電圧を**ホール電圧**という．

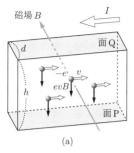

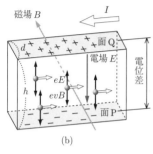

図7.24　ホール効果の原理.

図 7.24 のように，高さ h〔m〕，幅 d〔m〕の断面の金属板を考える．金属板には磁束密度 B〔T〕の磁場がかかっていて，電子の速さを v〔m/s〕とすると，電子にはたらくローレンツ力 evB のために電子は面 P の方へ押しやられる．面 P 側は電子が過剰に，面 Q 側は電子が不足するので，面 Q から面 P に向かう電場ができる．この電場から電子が受ける力とローレンツ力がつり合うところで，電子のローレンツ力による移動は止まる．すなわち，定常状態での電場の大きさを E〔V/m〕とすると，

$$evB = eE$$

となる．金属を流れる電流 I〔A〕は，金属中の電子の密度を n〔m^{-3}〕とすると，$I = env(hd)$ となる．したがって，$v = \dfrac{I}{enhd}$ である．一方，ホール電圧を V〔V〕とすると，$E = \dfrac{V}{h}$ である．代入して，整理すると

$$V = \frac{IB}{end} \tag{7.18}$$

が得られる．ここでは，電子の場合を考えたが，キャリアが正孔のような正の電荷を帯びたものの場合は，ホール電圧の正負は逆になる．したがって，ホール電圧の正負を測定することによって，キャリアの電荷の正負を知ることができる．また，半導体では，自由にキャリア密度 n を制御したり，薄い p 型あるいは n 型層（小さな d）を作ることができるので，高感度な磁場センサーを作ることができる．

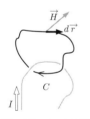

図7.25　アンペールの法則.

7.9　ガウスの法則

　静電場の場合には正の電荷や負の電荷が存在し，それらの電荷を含む閉曲面を貫く電束線の総数は内部の電荷に比例していた．静磁場の場合には，単極磁石は存在しない．したがって，ある曲面を貫く磁束線の総数について，常に以下の式が成り立つ．

$$\int_S \vec{B} \cdot d\vec{S} = 0 \text{ Wb} \tag{7.19}$$

7.10　アンペールの法則と応用◇

　アンペールの法則は，**1 Wb の磁極が任意の閉曲線に沿って 1 周すると**き，磁場がその磁極にする仕事は[注19]，閉曲線の内部を貫く電流の大きさに **1 Wb をかけたものと等しい**[注20] と表現することができる．一方，この法則は図 7.25 のように，電流の周囲に任意の閉曲線 C を考え[注21]，その閉曲

注19　式 (7.2) より単位を考えると，$\mathrm{Wb} \cdot \dfrac{\mathrm{N}}{\mathrm{Wb}} \cdot \mathrm{m} = \mathrm{J}$ である．

注20　磁場の単位は N/Wb であるが，A/m と表すこともでき，$\mathrm{Wb} \cdot \mathrm{A} = \mathrm{N} \cdot \mathrm{m} = \mathrm{J}$ となる．

注21　$m\vec{H}$ は磁場 $\vec{H}$ に置かれた大きさ m の磁極にはたらく力であることを思い出すこと．

線に沿って $\vec{H}$〔A/m〕を線積分すると,

$$\oint_C \vec{H} \cdot d\vec{r} = \begin{cases} 0\,\text{A} & : \quad C\text{ が電流を囲まないとき} \\ I & : \quad C\text{ が電流を右ネジの向きに} \\ & \quad \text{一周するとき} \\ -I & : \quad C\text{ が電流を右ネジの向きと} \\ & \quad \text{反対向きに一周するとき} \end{cases} \tag{7.20}$$

注22 電流が分布している場合,
$$\oint_C \vec{H}(\vec{r}) \cdot d\vec{r} = \int_S \vec{i}(\vec{r}) \cdot d\vec{S}$$
となる.

と表すこともできる[注22]. 以下に, アンペールの法則の応用を 3 例挙げる.

- 直線電流の周囲の磁場の大きさ

　任意の曲線として, 直線電流の周囲の半径 r〔m〕の円を考える. 磁場 $\vec{H}$ はこの円の接線 $d\vec{r}$ と平行である. したがって, 式 (7.20) の積分の中の内積は Hdr と同じになる. ここで, $H = |\vec{H}|$ である. この円上の H は等しいので積分は $2\pi r H$ と簡単に計算できる. したがって, 式 (7.4), すなわち $H = \dfrac{I}{2\pi r}$ が得られる.

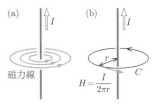

図 7.26 直線電流の周囲の磁場の大きさ.

- 十分に長い金属円柱に一様に流れている電流の作る磁場

　半径 R〔m〕の十分長い金属円柱に, 電流 I が一様に流れている場合を考える. 金属円柱の内外の磁場を金属円柱の中心からの距離 r〔m〕の関数として求める. アンペールの法則を適用する任意曲線として, 金属円柱の中心軸上に中心をもった半径 r の円を考える.

* $r \leq R$: $\quad 2\pi r H(r) = \pi r^2 \dfrac{I}{\pi R^2}$ より, $\quad H(r) = \dfrac{rI}{2\pi R^2}$

* $r > R$: $\quad 2\pi r H(r) = I$ より, $\quad H(r) = \dfrac{I}{2\pi r}$

となる. もちろん, $r = R$ のときの磁場は一致する.

- ソレノイドの内部の磁場

　図 7.27(a, b, c) のように, 十分密に巻かれたソレノイド (半径に比べて長さが十分に大きい管状のコイルのことである. 多くのソレノイドは密に巻かれているが, 密に巻かれていないソレノイドを考えることもできる.) の外には磁場はなく, 内部には一様な磁場が図 7.27 の淡い灰色の矢印の向きにできる. その磁場の大きさを H〔A/m〕とする. 次にアンペールの法則を適用するための閉曲線として, 図 7.27(c) に描かれた経路 abcd を考える.

$$\int_a^b \vec{H} \cdot d\vec{r} = Hh, \qquad \int_b^c \vec{H} \cdot d\vec{r} = 0\,\text{A}$$

$$\int_c^d \vec{H} \cdot d\vec{r} = (0\,\text{A/m}) \cdot h = 0\,\text{A}, \qquad \int_d^a \vec{H} \cdot d\vec{r} = 0\,\text{A}$$

以上により[注23], N をソレノイドの長さ h の間に巻かれた回数とすると, $Hh = NI$ となる. ここで, ソレノイドの単位長さあたりの巻

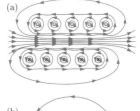

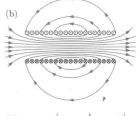

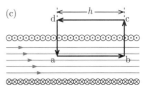

図 7.27 ソレノイドの内部の磁場. (a) 導線間に大きな隙間がある場合. (b) 隙間が小さくなって, ソレノイドの外に漏れる磁場が小さくなる. (c) 導線間の隙間が十分小さくなるとソレノイドの外に磁場は漏れなくなり, 内部の磁場は一様になる.

注23 bc 間と da 間で積分がゼロになるのは, ソレノイドの中では $\vec{H}$ と $d\vec{r}$ が直交しているからである.

き数を n とすると, $n = N/h$ なので, 式 (7.7), すなわち $H = nI$ が得られる.

例題 7.5　金属でできた半径 R の円筒に一様な電流 I が中心軸方向に流れている. 円筒の厚さは無視できるとして, 円筒の中心から距離 r の位置での磁場の大きさ $H(r)$ を求めよ.

解　円筒の軸に垂直な面内で, 軸を中心とする半径 r の円周を考える. 磁場の向きは円周の接線方向となる. また, 磁場の大きさはアンペールの法則より, 以下のようになる.

$$H(r) = \begin{cases} 0 \text{ A/m} & r < R \\ \dfrac{I}{2\pi r} & r > R \end{cases}$$

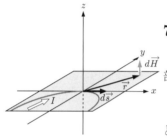

図 7.28　ビオ・サバールの法則. $\vec{r}' = \vec{0}$ の場合.

注 24　姉妹本 [力学編] ではベクトル積を表すために $\wedge$ を用いたが, 本書では $\times$ を用いる.

注 25　$\vec{r} - \vec{r}' = (a, 0, -z)$ と $|\vec{r} - \vec{r}'| = \sqrt{a^2 + z^2}$ に注意.

注 26　$(0,0,1) \times (a,0,-z) = (0,a,0)$ なので, $d\vec{H}$ は y 軸方向の成分しか持たない.

注 27　以下では, 変数変換 $z = a\tan\theta$ を用いる.

注 28　アンペールの法則を用いて計算した場合と同じ結果が得られる.

7.11　ビオ・サバールの法則

位置 $\vec{r}'$ に, 向きが $\vec{t}(\vec{r}')$ で, 大きさ I の電流が流れている. その微小部分 ds が, 位置 $\vec{r}$ のところに作る磁場 $d\vec{H}(\vec{r}, \vec{r}')$ は[24]

$$d\vec{H}(\vec{r}, \vec{r}') = \frac{I}{4\pi|\vec{r} - \vec{r}'|^2}\,\vec{t}(\vec{r}')ds \times \frac{\vec{r} - \vec{r}'}{|\vec{r} - \vec{r}'|} \tag{7.21}$$

と表すことができる (図 7.28 参照). これを**ビオ・サバールの法則**という. ビオ・サバールの法則の応用を 2 例挙げる.

- **直線電流の作る磁場**

    無限に長い $((0,0,-\infty) \to (0,0,\infty))$ 直線電流が作る磁場を考える. 電流の大きさは I である. 位置 $(0,0,z)$ にあって, 向きが $(0,0,1)$ で, その微小部分が dz の電流が, 位置 $(a,0,0)$ に作る微小磁場 $d\vec{H}$ は

$$d\vec{H} = \frac{I}{4\pi(a^2 + z^2)}((0,0,1)dz) \times \frac{(a,0,-z)}{\sqrt{a^2 + z^2}}$$

となる[25]. これを積分することによって, 点 $(a,0,0)$ における磁場 $\int d\vec{H} = \vec{H}$ を求めることができる[26]. y 軸方向の成分は[27],

$$H = \int_{-\infty}^{\infty} \frac{Ia}{4\pi(a^2 + z^2)^{3/2}}dz = \frac{I}{4\pi}\int_{-\pi/2}^{\pi/2}\frac{a}{a^3(1 + \tan^2\theta)^{3/2}}\frac{ad\theta}{\cos^2\theta}$$

$$= \frac{I}{4\pi a}\int_{-\pi/2}^{\pi/2}\cos\theta d\theta = \frac{I}{2\pi a}$$

となる[28].

- **円電流の作る磁場**

    半径 a の円形の回路に電流 I が流れている. この電流が円の中心 O を通り, 円に垂直な直線上に作る磁場 $\vec{H}$ を求める. 計算を簡単にす

るために，回路は xy 面内にあり，その中心は原点とする．円周上の位置 $\vec{r}\,' = (a\cos\theta, a\sin\theta, 0)$ にある電流の微小成分は $I\,\vec{t}(\vec{r}\,')ds$ である[注29]．この微小電流が $\vec{r} = (0, 0, z)$ の位置に作る微小磁場は式 (7.21) から得られる．この微小磁場について，$\vec{r}\,'$ を円周上で積分すると，

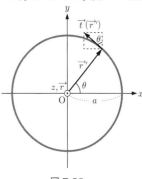

図 7.29

$$
\begin{aligned}
\vec{H}(\vec{r}) &= \frac{I}{4\pi} \int \frac{\vec{t}(\vec{r}\,') \times (\vec{r} - \vec{r}\,')}{|\vec{r} - \vec{r}\,'|^3} ds \\
&= \frac{I}{4\pi} \int_0^{2\pi} \frac{(-\sin\theta, \cos\theta, 0) \times (-a\cos\theta, -a\sin\theta, z)}{\left((-a\cos\theta)^2 + a^2\sin^2\theta + z^2\right)^{3/2}} ds \\
&= \frac{I}{4\pi \left(z^2 + a^2\right)^{3/2}} \int_0^{2\pi} (z\cos\theta, z\sin\theta, a) a\, d\theta \\
&= \frac{Ia^2}{2 \left(z^2 + a^2\right)^{3/2}} (0, 0, 1)
\end{aligned}
$$

が得られる[注30]．$z = 0$ m の場合には，式 (7.5) と同じ結果が得られる．

注 29　円周上の位置 $\vec{r}\,'$ における接線方向の単位ベクトルは，$\vec{t}(\vec{r}\,') = (-\sin\theta, \cos\theta, 0)$ となる．

注 30　x, y 成分はキャンセルしてゼロになる．

7.12　ローレンツ力のベクトル表記 ●

ローレンツ力については，力の大きさと向きを別々に考慮した．しかしながら，外積を用いればベクトルとして向きと大きさを統一的に扱うことが可能である．ある点において磁束密度 $\vec{B}$ の磁場があるとしよう．そこを電荷 q を持つ粒子が速度 $\vec{v}$ で通過する場合，その荷電粒子には「ローレンツ力」

$$
\vec{F} = q\vec{v} \times \vec{B} \tag{7.22}
$$

がはたらく．ローレンツ力は $\vec{v}$ に直交しており[注31]，磁場の下で荷電粒子が運動しても速さ（エネルギー）の変化は起きない．

注 31　外積の性質から．

さらに，電場 $\vec{E}$ がある場合には，荷電粒子は

$$
\vec{F} = q\left(\vec{E} + \vec{v} \times \vec{B}\right) \tag{7.23}
$$

の力を受ける．さて，この粒子と一緒に動きながら観測しよう．運動する観測者から見れば $\vec{v} = \vec{0}$ m/s である．言い換えると磁場からの力は存在しない．しかし，荷電粒子に作用する力は観測者の運動にかかわらず同じはずである．観測者にとっては，粒子に

$$
\vec{E}\,' = \vec{E} + \vec{v} \times \vec{B}
$$

の電場があるように見える．電場と磁場（磁束密度）は別のものではなく，観測の仕方によって相互に変換されるものである．

磁束密度 $\vec{B}$ の中に置かれた電流 I が流れる長さ dl の導線にはたらく力[注32]を $\vec{f}$ としよう．電流は導線の中の荷電粒子の運動であるから，導線の方向

注 32　フレミングの左手の法則に従う力．

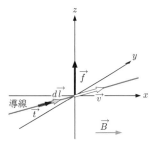

図 **7.30** フレミングの左手の法則.

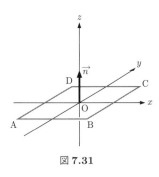

図 **7.31**

を $\vec{t}$ として $d\vec{l} = \vec{t}\,dl$ と表すことにすれば $Id\vec{l} = \sum_i q_i\vec{v}_i$ となる．ここで，和は長さ dl の導線中の電流を担う荷電粒子に対して行う．したがって，ベクトル表記のローレンツ力から力の向きも含めたフレミングの左手の法則

$$\vec{f} = \left(\sum_i q_i\vec{v}_i\right) \times \vec{B} = Id\vec{l} \times \vec{B} \tag{7.24}$$

を導くことができる．

例題 7.6 図 7.31 のように，1 辺の長さが a の正方形の回路 ABCD に電流 I が流れている．この回路を一様な磁束密度 $\vec{B}$ の磁場中に置いた．正方形 ABCD の対角線の交点を O とするとき，点 O のまわりの力のモーメント $\vec{N}$ を求めよ．ただし，正方形の作る面の法線の向きは，面に垂直に右ねじを置いて電流の進む向きに回した場合にねじの進む方向であり，単位ベクトル $\vec{n}$ で表す．

解 点 O を原点として，辺 AB と CD が x 軸に平行となり，正方形 ABCD の法線ベクトルが z 軸方向となるような座標系を考える．ただし，線分 AB 上の点の y 座標は $-a/2$ である．$\overrightarrow{AB} = (a,0,0)$，$\overrightarrow{BC} = (0,a,0)$，$\overrightarrow{CD} = (-a,0,0)$，$\overrightarrow{DA} = (0,-a,0)$ である．ここで，辺 AB と辺 CD，および辺 BC と辺 DA にはたらく力の大きさは同じで逆向きとなるので，回路にはたらく力の合力は $\vec{0}$ N となる．しかしながら，力のモーメントの和は $\vec{0}$ N·m になるとは限らない．

辺 AB，BC，CD，DA の中心の位置ベクトルを $\vec{r}_1$，$\vec{r}_2$，$\vec{r}_3$，$\vec{r}_4$，それぞれの辺にはたらく力を $\vec{F}_1$，$\vec{F}_2$，$\vec{F}_3$，$\vec{F}_4$ とすると，

$$\vec{N} = \vec{r}_1 \times \vec{F}_1 + \vec{r}_2 \times \vec{F}_2 + \vec{r}_3 \times \vec{F}_3 + \vec{r}_4 \times \vec{F}_4$$

$$= \left(0, -\frac{a}{2}, 0\right) \times \left(I\overrightarrow{AB} \times \vec{B}\right) + \left(\frac{a}{2}, 0, 0\right) \times \left(I\overrightarrow{BC} \times \vec{B}\right)$$

$$+ \left(0, \frac{a}{2}, 0\right) \times \left(I\overrightarrow{CD} \times \vec{B}\right) + \left(-\frac{a}{2}, 0, 0\right) \times \left(I\overrightarrow{DA} \times \vec{B}\right)$$

が得られる．さらに，$\vec{B} = (B_x, B_y, B_z)$ とすると，

$$\vec{N} = \frac{Ia^2}{2}\left(-B_y(1,0,0) + B_x(0,1,0) + B_y(-1,0,0) + B_x(0,1,0)\right)$$

$$= Ia^2(-B_y, B_x, 0) = Ia^2(\vec{n} \times \vec{B})$$

が得られる．ここで，$\vec{a} \times \left(\vec{b} \times \vec{c}\right) = \left(\vec{a} \cdot \vec{c}\right)\vec{b} - \left(\vec{a} \cdot \vec{b}\right)\vec{c}$ を用いた．

章末問題

以下の問題では，数値計算を行う場合は真空の透磁率を $\mu_0 = 1.26 \times 10^{-6}$ N/A^2，重力加速度の大きさを $g = 9.8$ m/s^2 とせよ．また，数値計算を行わない場合は μ_0, g などの文字を用いること．

問題 7.1$^\heartsuit$　ある点に 2.0×10^{-4} Wb の磁極を置いたところ，6.0×10^{-3} N の磁気力がはたらいた．この点の磁場の大きさを求めよ．

問題 7.2$^\heartsuit$　次の各問いに答えよ．

(1)　図 7.32(a) のように導線と磁針を置いた．矢印の方向にそれぞれ電流を流したとき，方位磁針が振れる方向を示せ．なお，磁針の黒い方を N 極とせよ．

(2)　図 7.32(b) のように直線導線に 4.0 A の電流を矢印の向きに流した．このとき，点 P，Q にできる磁場の向きを図に示し，それぞれの点での磁場の大きさを求めよ．また，それぞれの点での磁束密度の大きさを求めよ．ただし，導線と点 P，Q との距離はそれぞれ 0.10 m，0.20 m である．

問題 7.3$^\heartsuit$　次の各問いに答えよ．

(1)　図 7.33 のように，半径 0.50 m の 1 巻きのコイルに 2.0 A の電流を矢印の向きに流した．コイルの中心での磁場の向きを図に示し，その点での磁場の大きさを求めよ．

(2)　(1) のコイルを 2 重巻きにすると，磁場の大きさは何倍になるか．

問題 7.4$^\heartsuit$　長さ 0.20 m の円筒に 500 回巻いたソレノイドコイルがある．このコイルに 4.0×10^{-2} A の電流を流した．ソレノイド内の磁場の大きさを求めよ．

問題 7.5$^\heartsuit$　次の各問いに答えよ．

(1)　磁束密度 0.40 T の一様な磁場中に，図 7.34(a) のように磁場に垂直向きに導線を置き，矢印の向きに 5.0 A の電流を流した．このとき，この導線の受ける力の向きを図に示し，この導線の長さ 10 cm あたりが受ける力の大きさを求めよ．

(2)　磁束密度 0.20 T の一様な磁場中に，図 7.34(b) のように磁場と角 θ をなす方向に導線を置き，3.0 A の電流を流した．このとき，導線の長さ 20 cm あたりが受ける力の大きさを次のそれぞれの場合について求めよ．

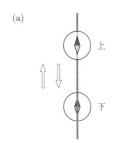

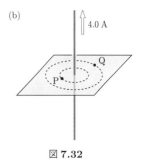

図 7.32

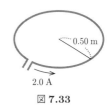

図 7.33

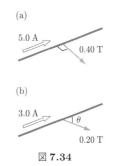

図 7.34

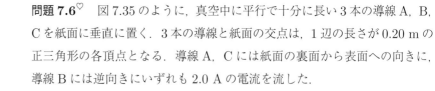

(1)　$\theta = 0°$　の場合.

(2)　$\theta = 90°$　の場合.

(3)　$\theta = 30°$　の場合.

問題 7.6♡　図 7.35 のように,真空中に平行で十分に長い 3 本の導線 A, B, C を紙面に垂直に置く. 3 本の導線と紙面の交点は,1 辺の長さが 0.20 m の正三角形の各頂点となる. 導線 A, C には紙面の裏面から表面への向きに,導線 B には逆向きにいずれも 2.0 A の電流を流した.

(1)　導線 A, B の電流が導線 C の位置に作る磁場の向きを図に示し,その位置での磁束密度の大きさを求めよ.

(2)　導線 C を流れる電流が受ける力の向きを図に示せ. また,導線 C の長さ 1.0 m あたりが受ける力の大きさを求めよ.

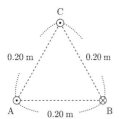

図 7.35　⊙ は電流が紙面後ろから前に流れてることを表し,⊗ は電流が紙面前から後ろに流れていることを表す.

問題 7.7♡　図 7.36 のように,一様な磁束密度 B〔T〕の磁場中で,長さ l〔m〕,断面積 S〔m^2〕の導線を磁場と直交するように置く. この導線に図の方向に電流 I を流した. 電子の電荷を $-e$〔C〕($e > 0$),電子の密度を n〔m^{-3}〕とする.

(1)　導線内の自由電子が動く向きはどちらか.

(2)　長さ l の導線部分の電子の総数 N を S, l, n を用いて表せ.

(3)　自由電子の速さを v〔m/s〕とすると,自由電子が磁場から受ける力 $f = evB$〔N〕の総和が IBl〔N〕と等しくなることを確かめよ.

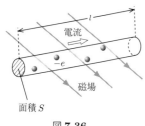

図 7.36

問題 7.8♡　図 7.37 のように,xy 平面の $y > 0$ の領域に磁束密度 B〔T〕の一様な磁場が紙面に垂直にかけられている. 今,電荷 $q(q > 0)$〔C〕,質量 m〔kg〕の荷電粒子を速さ v〔m/s〕で原点 O から図 7.37 の矢印の方向に入射させたところ,この荷電粒子は半円の軌道を描いて点 A(座標 $(2a, 0)$〔m〕)に達した. ただし,$a > 0$ である.

(1)　磁場の向きはどちら向きか.

(2)　荷電粒子が,磁場から受ける力の大きさを求めよ.

(3)　速さ v を求めよ.

(4)　荷電粒子が原点 O から A に達するまでの時間を求めよ.

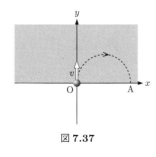

図 7.37

問題 7.9♡　鉛直上向きの磁束密度 B〔T〕の一様な磁場中で,図 7.38 のように,2 本の導線を水平と角 θ をなすように間隔 l〔m〕で平行に置く. 今,質量 m〔kg〕の導体棒を導線に垂直になるように渡して,一定の電流 I〔A〕を流したところ,金属棒は静止したままであった. 導体棒を流れる電流の大きさを求めよ. ただし,導体棒と導線の間に摩擦はないものとする.

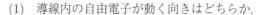

図 7.38

問題 7.10　図 7.39 のように，真空中で D 型の電極 D_1, D_2 を平面部分が向かい合うように隙間をあけて水平に置き，鉛直方向に磁束密度 B〔T〕の一様な磁場をかける．さらに，D_1, D_2 との間に高周波電圧 V〔V〕をかけて電極 D_1, D_2 の平面部分の間に一様な電場を作る．電極 D_1, D_2 の平面部分の間の距離を d〔m〕，電子の電荷を $-e$〔C〕，質量を m〔kg〕とする．

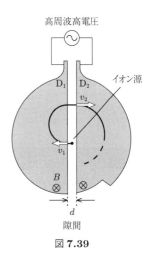

図 **7.39**

(1)　図のように，中心にあるイオン源より電子を速さ v_1〔m/s〕で D_1 に入射させたところ，電子は円軌道を描き運動をした．

  (a)　円運動の半径 r_1〔m〕を求めよ．

  (b)　円運動の周期 T_1〔s〕を求めよ．

(2)　半円軌道を描いた電子は，やがて D_1 から隙間に出る．D_1 と D_2 の間に電子が加速する方向に電圧をかけて置くと電子は加速されて D_2 に入った．

  (a)　D_2 に入った瞬間の電子の速さ v_2〔m/s〕を求めよ．

  (b)　D_2 に入った電子は，D_2 内で円軌道を描き運動をした．この円運動の周期 T_2〔s〕を求めよ．

地球磁場核磁気共鳴装置

最近の医療現場では，核磁気共鳴 (NMR) 法を応用した MRI（磁気共鳴映像法）を行える装置が多数導入されています．ここでは，NMR の原理を説明しましょう．

原子核は実は小さな磁石と考えることができます．この小さな磁石を自由に動かすための技術が NMR です．この磁石を磁場中に置くと磁場と平行になろうとします．地磁気のような弱い磁束密度 $\vec{B_0}$ の磁場がある環境を考えます．そこに，図 7.40(a) のような装置を作ってコイルに大きな電流を流すと，コイルの中には大きな磁場が $\vec{B_0}$ に対して垂直にできます．その磁束密度は $\vec{B_1}$ です．ここで，コイルの中にある原子核は（小さな磁石ですから），図 7.40(a) の右下のように $\vec{B_0}$ と $\vec{B_1}$ のベクトル和 $\vec{B_0} + \vec{B_1}$ の方向に向きます．図 7.40(b) のようにスイッチをつなぎ替えて電流を切ると，原子核は元々あった弱い磁場のまわりに回転します[注33]．コイルの中で小さな磁石が回転する訳ですから誘導起電力がコイルに発生します[注34]．それを検出することによって，原子核が回転していることがわかります．

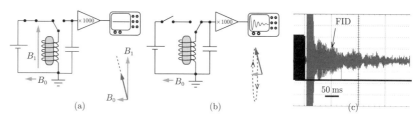

図 7.40　(a) コイルに直流を流すと，コイル内には強い磁場が生じる．その磁場のために，原子核（の磁石）はその方向に向いている．(b) スイッチを切り替えてコイルに流す電流を突然 0 A にすると，原子核は元々あった弱い磁場のまわりに回転する．(c) 得られた信号．

この原子核の回転運動の角振動数は，$\vec{B_0}$ の大きさと原子核の種類によって決まります．また，その振動がどれだけ長続きするかは，その原子核の置かれた環境に依存します．したがって，この振動する信号を検出することによって，どのような原子核が試料中に存在するか，またその原子核はどのような状態にあるかを推定することができます．それらの情報から分子の構造を決定したり，体の断層写真を作ったりします．

分子の構造決定や断層写真を作る NMR 装置では，超伝導磁石を使って[注35] $\vec{B_0}$ を作っており，とても大がかりな装置です．気軽に学生実験に使用する訳にはいきません．そこで，実用性を問わずに NMR の原理を理解するために，図 7.41 のような装置を作ってみました．この装置は図 7.40 で説明した原理に忠実に従っていて，弱い磁場として地磁気を用いています[注36]．信号の強さは $\vec{B_0}$ の大きさの 2 乗から 3 乗に比例しますので，通常の NMR 装置で得られる信号よりも桁違いに小さな信号を取り扱わなければいけません．なんとか図 7.40(c) のように信号を得ることができました．また，原子核が回転する周波数は 2 kHz 程度になり[注37]，信号をスピーカから出すと音として聞くことができます．この装置を作るための費用はそんなにかからないので，興味のある人は作ってみると面白いでしょう．

図 7.41　弱い磁場として地磁気を用いた装置．

8 電磁誘導と交流

　時間変動する磁場と電流を扱う．また，変動する磁場と電場が一体となっ
て波として伝わる電磁波についても議論する．

8.1　電磁誘導♡

電磁誘導とは，以下のような現象である．

- コイルに検流計をつないで，コイルに磁石を近づけたり遠ざけたりす
ると検流計の針が振れる．磁石の強さが強いほど，また動きが速いほ
ど大きな電流が流れる．

- 磁石をコイルに近づけるときと遠ざけるときで電流の向きが逆になる．

- 磁石の向きを変えると電流の向きが逆になる．

- 磁石のかわりに電磁石を使っても，同様な現象が見られる．

このようにコイルを貫く磁場が変化するときにコイルに起電力が生じる現
象を**電磁誘導**といい，そのときの起電力を**誘導起電力**という．電流が流れれ
ば，それは**誘導電流**という．

　磁束密度の大きさ B〔T〕の一様な磁場の中で，磁場に対して垂直な断面積
S〔m^2〕を考えて，BS を新たに記号 Φ で表し**磁束**と定義する．磁束の単位
は磁極の強さの単位と同じ**ウェーバ**（記号 Wb）である．

　電磁誘導現象は磁束 Φ〔Wb〕を用いて，

- 誘導起電力 V〔V〕は，誘導電流の作る磁場がコイルを貫く磁束の変

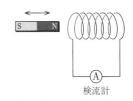
(a) 磁石を近づけたり遠ざけたりする

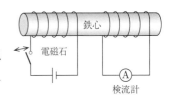
(b) 電磁石

図 8.1　電磁誘導．コイルを貫く
磁束が変化するとコイルに起
電力が発生する．

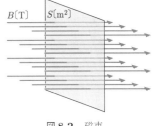

図 8.2　磁束．

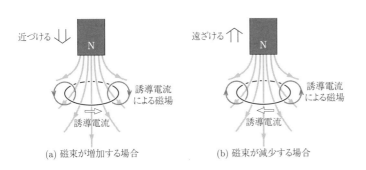

(a) 磁束が増加する場合　　(b) 磁束が減少する場合

図 8.3　レンツの法則．

注 1　レンツの法則ともいう.

化を妨げる向きに生じる（図 8.3）[1].

● 誘導起電力 V の大きさは，コイルを貫く磁束の単位時間あたりの変化量に比例する.

のファラデーの電磁誘導の法則にまとめられる. さらに，この法則は

$$V = -\frac{\Delta\Phi}{\Delta t} \tag{8.1}$$

注 2　$\Delta t \to 0$ s の極限をとると，$V = -\dfrac{d\Phi}{dt}$ である.

注 3　変化を妨げるという意味で，式 (8.1) の負号はレンツの法則と等価である.

注 4　磁場の単位は $\dfrac{N}{Wb}$ であるが $\dfrac{A}{m}$ でもある. したがって，$Wb = \dfrac{N \cdot m}{A} = \dfrac{J}{A}$ である. 一方，電圧の単位は $\dfrac{J}{A \cdot s}$ なので式 (8.1) の両辺の単位は等しい.

と数式で表すことができる [2,3,4].

例題 8.1　断面積が 5.0 cm^2 の 1 巻きの円形コイルがある. このコイルを貫く磁束密度の大きさを，2.0 s 間で 2.0 T から 8.0 T に一定の割合で増加させた. このときのコイルに生じる誘導起電力の大きさ V_1〔V〕を求めよ. また，コイルの巻き数を 100 回巻きとしたときのコイルに生じる誘導起電力の大きさ V_2〔V〕を求めよ.

解　コイルを貫く磁束の変化量 $\Delta\Phi$ は，5.0 cm$^2 = 5.0 \times 10^{-4}$ m^2 より

$$\Delta\Phi = \Delta B \cdot S = (8.0 \text{ T} - 2.0 \text{ T}) \cdot (5.0 \times 10^{-4} \text{ m}^2) = 3.0 \times 10^{-3} \text{ Wb}$$

となる. よって，コイル（1 巻き）に生じる誘導起電力の大きさ V_1 は

$$V_1 = \left| -\frac{\Delta\Phi}{\Delta t} \right| = \frac{3.0 \times 10^{-3} \text{ Wb}}{2.0 \text{ s}} = 1.5 \times 10^{-3} \text{ V}$$

となる. また，100 回巻きとしたときは，以下の式で与えられる.

$$V_2 = V_1 \times 100 = 1.5 \times 10^{-1} \text{ V}$$

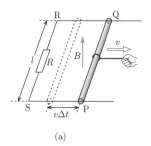

(a)

(b)

図 8.4　磁場中を導体 PQ が動く場合. RS 間には抵抗 R〔Ω〕があるが，他の導線の抵抗は無視できるものとする.

図 8.4(a) のような装置を作り，磁束密度の大きさが B の一様な磁場中を導体 PQ を速さ v〔m/s〕で動かす. ただし，磁場は面 SPQR に対して直交しているものとする. 同図 (b) のように，導体中の電子に対するローレンツ力を考慮しよう. 同図 (a) の抵抗を外した電流が流れない状態において導体の両端 PQ 間に発生する電圧を V とすると，電子にはたらくローレンツ力と生じた電場からの力のバランスを考えて，

$$e\frac{V}{l} = evB$$

となる. したがって，

$$V = vBl \tag{8.2}$$

であることがわかる. また，電子はローレンツ力によって導体の Q 端に集まるので，導体の P 端の電位が高くなる.

発生する起電力をファラデーの法則から考察する. Δt の間に磁束が貫く

面積は $(v\Delta t)l$ だけ増える．そこには磁束密度の大きさが B の一様な磁場があるので，磁束の変化は $(v\Delta t)lB$ である．式 (8.1) を用いて発生する起電力の大きさを計算すると，

$$\frac{(v\Delta t)lB}{\Delta t} = vBl$$

となり，式 (8.2) と同じ結果が得られる．

次に，抵抗を接続して電流を流す．抵抗に流れる電流の大きさ I は vBl/R なので，抵抗におけるジュール発熱は，1 s あたり

$$RI^2 = R\left(\frac{vBl}{R}\right)^2 = \frac{v^2B^2l^2}{R}$$

となる．一方，導線にはフレミングの左手の法則に従う力 $\dfrac{vBl}{R}Bl$ がはたらく．その力の方向と逆向きに速さ v で導体を手で動かしているので，手が導体にする仕事の仕事率の大きさは，

$$P = Fv = \left(\frac{vBl}{R}Bl\right)v = \frac{v^2B^2l^2}{R}$$

となり，手が導体にする仕事は抵抗のジュール熱として消費されていることがわかる．

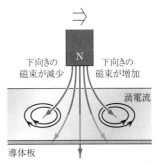

図 **8.5** 磁石を導体板の近くで動かした場合に生じる渦電流の様子．

8.2 渦電流◇

図 8.5 のように，磁石を導体板の近くで動かすと磁石の動きを妨げるような渦状の誘導電流が流れる．これを**渦電流**という．IH ヒーターは渦電流によるジュール熱を加熱に用いている．

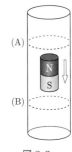

図 **8.6**

例題 8.2 鉛直に立てた細い銅管がある．図 8.6 のように，銅管の中を直径が銅管の内径より少し小さな円柱形のネオジウム磁石を S 極を下にして落とす．落下中磁石はパイプに触れず，回転もしなかった．

(1) ネオジウム磁石が図 8.6 の位置にあるときの，(A)，(B) の位置でのパイプに流れる電流の向きの概略を図に示せ．

(2) ネオジウム磁石の落下の速さ v と時刻 t の関係の概略を示せ．

解 (1) (A)，(B) の位置でのパイプに流れる電流の向きは図 8.7 上のようになる．

(2) 図 8.7 下のようになる．

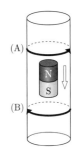

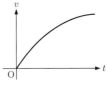

図 **8.7**

図 **8.8**　相互インダクタンスの概
念図.

8.3　相互誘導現象 ♡ ————————————————●

二つのコイル 1 と 2 がある．コイル 1 に流れる電流 I_1〔A〕が作る磁場によ
る磁束 Φ_2〔Wb〕がコイル 2 を貫く．Φ_2 は電流 I_1 に比例する．その比例
係数を M とすると，$\Phi_2 = MI_1$ と表すことができる．

ここで，I_1 が時間的に変化する場合，Φ_2 も時間的に変化しコイル 2 に誘
導起電力 V_2〔V〕が生じる．

$$V_2 = -\frac{\Delta \Phi_2}{\Delta t} = -M\frac{\Delta I_1}{\Delta t} \tag{8.3}$$

この現象を**相互誘導**と呼び，この比例係数 M を**相互インダクタンス**という．
インダクタンスの単位はヘンリー（記号 H = V·s·A^{-1}）である．負号は，**コ
イル 2 の電流の変化を妨げる向きの起電力が発生する**ことを意味している．

ここでは，電流の変化がゆっくりで，各瞬間の磁場はそのときのコイルに
流れる電流と同じ値の定常電流によって生じる磁場と等しいと仮定してい
る．このような電流を**準定常電流**という．

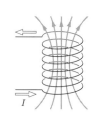

図 **8.9**　自己インダクタンスの概
念図.

8.4　自己誘導現象 ◇ ————————————————●

相互誘導と似た現象がコイルが一つだけでも起こる．コイルのある部分を
流れる時間的に変化する電流 I〔A〕によって生じた磁束がコイルの他の部分
を貫き，それが変化すると誘導起電力が生じる．コイルが一つだけでこの現
象が起こるので**自己誘導**という．誘起される起電力 V〔V〕は，

$$V = -L\frac{\Delta I}{\Delta t} \tag{8.4}$$

となる．ここで，L を**自己インダクタンス**という．インダクタンスの単位
はヘンリー（記号 H = V·s·A^{-1}）である．負号は，**コイルの電流の変化を
妨げる向きの起電力（逆起電力）が発生する**ことを意味している．

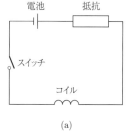

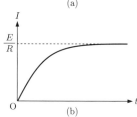

図 **8.10**　コイルと抵抗の直列回
路.（a）回路と（b）スイッチを
閉じた後の電流の変化の様子.

図 8.10(a) のような回路でスイッチを閉じた後の電流の変化を考えよう．
$t = 0$ s にスイッチを閉じたとしよう．その瞬間に回路を流れる電流は 0 A
であり，抵抗における電圧降下は 0 V である．しかしながら，電流はゼロで
も電流の時間変化率は 0 A/s である必要はなく，式 (8.4) に従った起電力が
コイルの両端に発生する．一方，十分時間が経った後には電流は一定になる
と期待される．その場合，コイルの両端の起電力はなくなり，電池の起電力
と抵抗の電圧降下は同じになる．その間の時刻では，電流は増えていき，図
8.10(b) のように電流は変化する．

コイルに電流を流すとき，誘導起電力に逆らって電流を流さないといけな

い．Δt の間に電流を i〔A〕から $i + \Delta i$〔A〕まで増やす場合に必要な仕事は，

$$i\Delta t \cdot L\frac{\Delta i}{\Delta t} = Li\Delta i$$

となる．電流を 0 A から I まで増やす場合の仕事は，図 8.11 の三角形 OAB の面積になる．これは，コイルに蓄えられるので，電流 I が流れているコイルの持つエネルギー U〔J〕は，以下の式で与えられる．

$$U = \frac{1}{2}LI^2 \tag{8.5}$$

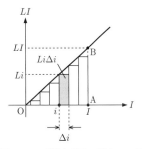

図 8.11　誘導起電力に逆らって電池が行う仕事．

例題 8.3　コイルに 2.0 A の電流が流れている．このコイルを流れる電流が 1.0×10^{-2} s の間に一定の割合で減少し，0 A となった．このとき，コイルの両端には 3.0×10^3 V の誘導起電力が生じた．

(1)　このコイルの自己インダクタンスを求めよ．

(2)　2.0 A の電流が流れていたときのコイルに蓄えられていたエネルギーを求めよ．

解　(1)　このコイルの自己インダクタンスを L〔H〕とすると，
$V = -L\dfrac{\Delta I}{\Delta t}$ より 3.0×10^3 V $= -L\dfrac{0\ \text{A} - 2.0\ \text{A}}{1.0 \times 10^{-2}\ \text{s}}$，すなわち，$L = 15$ H である．

(2)　コイルに蓄えられていたエネルギーを U とすると，$U = \dfrac{1}{2}LI^2$ より $U = \dfrac{1}{2} \times (15\ \text{H}) \times (2.0\ \text{A})^2 = 30$ J となる．

8.5　交流起電力◇

家庭に送られてくる電気のように，電流や電圧の向きが周期的に変動する電流や電圧をそれぞれ**交流**電流や**交流**電圧という．交流電圧を発生させるためには，図 8.12 のように，磁束密度の大きさが B〔T〕の一様な磁場中にある断面積が S〔m²〕のコイルを角速度 ω〔rad/s〕で回転させる．コイルを貫く磁束は

$$\Phi = BS\cos\omega t \tag{8.6}$$

となる．ただし，$t = 0$ s でコイルは磁場に直交しているものとする．

ファラデーの電磁誘導の法則より，

$$V = -\frac{BS\cos\omega(t + \Delta t) - BS\cos\omega t}{\Delta t}$$
$$= -BS\frac{\cos\omega t\cos\omega\Delta t - \sin\omega t\sin\omega\Delta t - \cos\omega t}{\Delta t}$$

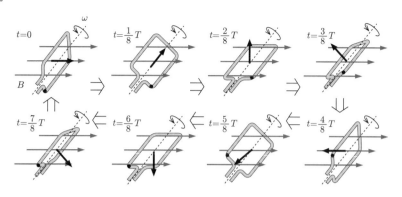

図 8.12 交流発電機.

$$\fallingdotseq BS \sin \omega t \frac{\sin \omega \Delta t}{\Delta t}$$

$$\fallingdotseq BS \omega \sin \omega t \tag{8.7}$$

注 5 $|\varepsilon|$ が 1 より非常に小さいとすると, $\cos \varepsilon \fallingdotseq 1$ と $\sin \varepsilon \fallingdotseq \varepsilon$ が成り立つ.

となる [注 5]. 交流起電力は三角関数で表されるので, 波の章で議論した**位相**, **周期や周波数**の概念が適用できる.

8.6 抵抗に流れる交流電流◇ ─────────●

注 6 電気エネルギーが空中に逃げていかない場合に成り立つ.

交流の周波数が十分低く, 各瞬間の電圧や電流を考えるとキルヒホッフの法則が成り立つ場合を以下では考える [注 6].

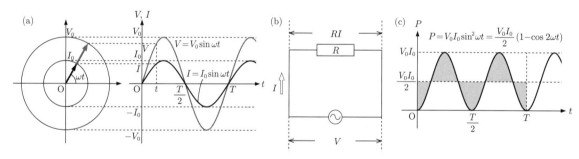

図 8.13 抵抗に流れる交流電流. (a) 電圧と電流. (b) $V = RI$ がわかる. (c) 電力の時間依存性. $\dfrac{V_0 I_0}{2}$ より上と下の斜線部分の面積は等しく, $P = VI$ の平均は $\dfrac{V_0 I_0}{2}$ となる.

起電力が $V = V_0 \sin \omega t$ の交流電源に抵抗を接続した場合に, 抵抗に流れる電流は, 図 8.13(a) のように

$$I = \frac{V}{R} = \frac{V_0 \sin \omega t}{R} = I_0 \sin \omega t \tag{8.8}$$

となる. ここで, $I_0 = V_0/R$ で, 電流の最大値である. **電圧と電流は同位相であること**に注意すること. 射影すれば電圧や電流になる回転運動を行うべ

クトルを考えると，**電圧と電流を表すベクトルが一緒に回転しているので電圧と電流は同位相である**と直感的に理解できる（図 8.13(a) 参照）．

電圧も電流も時間変化するので，電力 $P = VI$ は変化する．しかしながら，その平均値 $\overline{P}$〔W〕は，図 8.13(c) より

$$\overline{P} = \frac{1}{2}I_0V_0 \tag{8.9}$$

となることがわかる．直流の場合には，$P = VI$ であった．交流の場合にも電力が同様に計算できると便利なので，

$$V_e = \frac{V_0}{\sqrt{2}}, \quad I_e = \frac{I_0}{\sqrt{2}} \tag{8.10}$$

を定義して，それぞれ交流電圧と交流電流の**実効値**という．実効値に対して，各瞬間の電圧や電流をそれらの**瞬間値（瞬時値）**という．

例題 8.4 実効値が 100 V の交流電圧を 20 Ω の抵抗に加えた．

(1) 抵抗を流れる交流電流の実効値を求めよ．

(2) 抵抗を流れる電流の最大値を求めよ．

(3) 抵抗で消費される電力の平均値を求めよ．

解 (1) 電圧の実効値 V_e は 100 V であるので，抵抗を流れる交流電流の実効値 I_e〔A〕は以下の式で与えられる．

$$I_e = \frac{V_e}{R} = \frac{100\ \text{V}}{20\ \Omega} = 5.0\ \text{A}$$

(2) 抵抗を流れる電流の最大値 I_0〔A〕は以下の式で与えられる．

$$I_0 = \sqrt{2}I_e = \sqrt{2} \times (5.0\ \text{A}) = 5\sqrt{2}\ \text{A} = 7.1\ \text{A}$$

(3) 電力の平均値 $\overline{P}$〔W〕は以下の式で与えられる．

$$\overline{P} = \frac{1}{2}I_0V_0 = I_eV_e = (5.0\ \text{A}) \times (100\ \text{V}) = 500\ \text{W}$$

8.7　コイルに流れる交流電流◇ ────────────●

起電力が $V = V_0 \sin\omega t$ の交流電源にコイルを接続した場合，キルヒホッフの法則から交流電源の起電力とコイルの自己誘導起電力の和は

$$V_0 \sin\omega t - L\frac{\Delta I}{\Delta t} = 0\ \text{V}$$

でなければならない．この式を満たすコイルに流れる電流は[注7]，

$$I = -\frac{V_0}{\omega L}\cos\omega t = \frac{V_0}{\omega L}\sin\left(\omega t - \frac{\pi}{2}\right) = I_0\sin\left(\omega t - \frac{\pi}{2}\right) \tag{8.11}$$

である．ここで，$I_0 = V_0/(\omega L)$ で，電流の最大値である．ωL はコイルの交流に対する抵抗に相当するもので，コイルの**リアクタンス**という．単位

注 7 $\Delta t \rightarrow 0$ の極限で，$\dfrac{\cos\omega(t+\Delta t) - \cos\omega t}{\Delta t} = -\omega\sin\omega t$ である．これは，$\cos\omega t$ の微分である．

はオーム（記号 Ω）である．電流の位相は電圧の位相より $\pi/2$ だけ遅れている．射影すれば電圧や電流になる回転運動を行うベクトルを考えると，**電流を表すベクトルが電圧のそれより $\pi/2$ だけ遅れて回転していると直感的に理解できる**（図 8.14(a) 参照）．

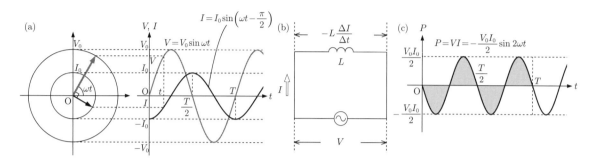

図 8.14 コイルに流れる交流電流．(a) 電圧と電流．(b) コイルの両端の電圧は，自己誘導現象による起電力である．$V - L\dfrac{\Delta I}{\Delta t} = 0$ がわかる．(c) 電力の時間依存性．t 軸より上と下の斜線部分の面積は等しい．したがって，$P = VI$ の平均は 0 W となる．

電圧も電流も時間変化するので，電力 $P = VI$ は変化する．しかしながら，その平均値 $\overline{P}$〔W〕は，図 8.14(c) からわかるように

$$\overline{P} = 0 \text{ W} \tag{8.12}$$

となる．したがって，コイルでは電力が消費されない．電源は周期の半分の間はコイルに対して仕事をしているが，その仕事はコイルに蓄えられる．周期の残りの半分の間に電源はコイルから仕事をされる．結局，平均して電源はコイルに対して仕事を行わない．

8.8　コンデンサーに流れる交流電流◇ ─────────●

起電力が $V = V_0 \sin \omega t$ の交流電源にコンデンサーを接続した場合，キルヒホッフの法則から交流電源の起電力とコンデンサーの両端の電圧 Q/C〔V〕は等しくなければならない．すなわち，

$$Q = CV = CV_0 \sin \omega t$$

である．コンデンサーに流れる電流は

$$I = \frac{\Delta(CV)}{\Delta t} = V_0 \omega C \cos \omega t = I_0 \sin\left(\omega t + \frac{\pi}{2}\right) \tag{8.13}$$

注 8　$\Delta t \to 0$ s の極限で，$\dfrac{\sin\omega(t+\Delta t) - \sin\omega t}{\Delta t} = \omega\cos\omega t$ である．これは，$\sin\omega t$ の微分である．

となる 注8．ここで，$I_0 = \omega C V_0 = \dfrac{V_0}{1/(\omega C)}$ で，電流の最大値である．$1/(\omega C)$ はコンデンサーの交流に対する抵抗に相当するもので，コンデンサーの**リアクタンス**という．単位は**オーム**（記号 Ω）である．**電流の位相は電圧の位相より $\pi/2$ だけ進んでいる**．射影すれば電圧や電流になる回転運動

を行うベクトルを考えると，**電流を表すベクトルが電圧のそれより** $\pi/2$ **だけ進んで回転している**と直感的に理解できる（図 8.15(a) 参照）．

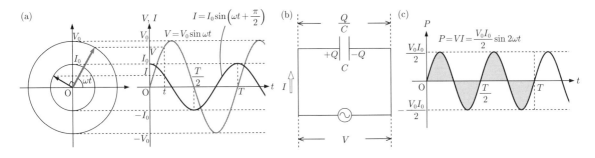

図 8.15 コンデンサーに流れる交流電流．(a) 電圧と電流．(b) $V = \dfrac{Q}{C}$ がわかる．(c) 電力の時間依存性．t 軸より上と下の斜線部分の面積は等しい．したがって，$P = VI$ の平均は 0 W となる．

電圧も電流も時間変化するので，電力 $P = VI$ は変化する．しかしながら，その平均値 $\overline{P}$〔W〕は，図 8.15(c) からわかるように

$$\overline{P} = 0 \text{ W} \tag{8.14}$$

となる[注9]．したがって，コンデンサーでは電力が消費されない．電源は周期の半分の間にはコンデンサーに対して仕事をしているが，その仕事はコンデンサーに蓄えられる．周期の残りの半分の間に電源はコンデンサーから仕事をされる．結局，平均して電源はコンデンサーに対して仕事は行わない．

注9 コンデンサーとコイルに関する記述は非常によく似ている．

例題 8.5 図 8.16 の回路の端子 AB 間に抵抗，コイル，コンデンサーのいずれかを接続して電圧 V と電流 I の関係を調べたところ，(a)，(b)，(c) のようなグラフが得られた．(a)，(b)，(c) のそれぞれは端子 AB 間に抵抗，コイル，コンデンサーのいずれを接続したものか．

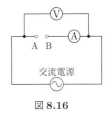

図 8.16

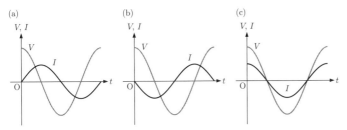

解

(a) 電流の位相が電圧の位相より $\dfrac{\pi}{2}$ だけ遅れているので，端子 AB 間に接続したのはコイルである．

(b) 電流の位相が電圧の位相より $\dfrac{\pi}{2}$ だけ進んでいるので，端子 AB

間に接続したのはコンデンサーである.

(c)　電流の位相が電圧の位相のずれはないので, 端子 AB 間に接続
したのは抵抗である.

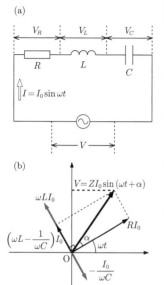

(a)

(b)

図 8.17　抵抗, コイル, コンデン
サーの直列回路と電圧の合成.

8.9　RLC 回路に流れる交流電流◇

交流電源に, 抵抗, コイル, そしてコンデンサーが直列に接続されている
場合（RLC 直列回路）の電圧について考える（図 8.17(a) 参照）. ここで,
各素子に流れる電流は同じであることに注意. x 軸に射影すればそれぞれの
素子の電圧を表す三つの回転するベクトルを考えて, そのベクトルを合成す
る（図 8.17(b) 参照）. その合成ベクトルを x 軸に射影すれば, RLC 直列回
路の両端の電圧になる. 式で表すと, $\omega\,[\mathrm{rad/s}]$ を角周波数として,

$$
\begin{aligned}
V &= RI_0 \sin\omega t + \omega L I_0 \sin\left(\omega t + \frac{\pi}{2}\right) + \frac{I_0}{\omega C}\sin\left(\omega t - \frac{\pi}{2}\right) \\
&= RI_0 \sin\omega t + \omega L I_0 \cos\omega t - \frac{I_0}{\omega C}\cos\omega t \\
&= RI_0 \sin\omega t + I_0\left(\omega L - \frac{1}{\omega C}\right)\cos\omega t \\
&= \sqrt{R^2 + \left(\omega L - \frac{1}{\omega C}\right)^2}\, I_0 \sin(\omega t + \alpha)
\end{aligned}
\tag{8.15}
$$

となる. ここで,

$$
\tan\alpha = \frac{\omega L - 1/(\omega C)}{R}
\tag{8.16}
$$

である. ただし, $-\pi/2 \leqq \alpha \leqq \pi/2$ の範囲で α を決める.

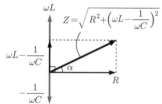

図 8.18　合成インピーダンス.

交流回路において直流回路の抵抗に相当するはたらきをする量は, **イン
ピーダンス**と呼ばれる. 図 8.18 のように, 抵抗とコイルおよびコンデンサー
のリアクタンスををベクトル的に合成することによって得られる. 図 8.17(a)
の直列回路では, そのインピーダンスの大きさは $\sqrt{R^2 + \left(\omega L - \dfrac{1}{\omega C}\right)^2}$ で

注 10　α の情報を含めて, イン
ピーダンスと呼ばれる. 節 8.16
参照.

ある[注10]. その単位は**オーム**（記号 Ω）である.

この回路の消費電力の瞬時値は,

$$
P = VI = V_0 \sin(\omega t + \alpha)\cdot I_0 \sin\omega t = \frac{V_0 I_0}{2}\left(-\cos(2\omega t + \alpha) + \cos\alpha\right)
$$

注 11　$2\sin\theta_1\sin\theta_2 = -\cos(\theta_1+\theta_2) + \cos(\theta_1-\theta_2)$

となる[注11]. $2\omega t$ で振動する項は平均するとゼロになるので,

$$
\overline{P} = \frac{V_0 I_0}{2}\cos\alpha
\tag{8.17}
$$

となる. $\cos\alpha$ は**力率**と呼ばれる. この力率の意味を別の観点から捉えよう.

射影すれば電流になる 2 次元平面上のベクトルを $\vec{I}(t)$〔A〕，射影すれば電圧になる 2 次元平面上のベクトルを $\vec{V}(t)$〔V〕と書くことにすれば，

$$\overline{P} = \frac{1}{2}\vec{V}(t)\cdot\vec{I}(t)$$

のように，$\overline{P}$〔W〕を 2 次元平面上のベクトルの内積で表すことができる．すなわち，角度 α は上の二つのベクトルの間の角度である．

RLC 直列回路（図 8.19(a) 参照）において，交流電源の電圧を一定に保って角周波数 ω を変化させよう．インピーダンスの大きさは角周波数に応じて変化し，

$$\omega L - \frac{1}{\omega C} = 0 \ \Omega \tag{8.18}$$

を満たす ω のときに，最小になる．また，電流は最大 $\dfrac{V_0}{R}$ になる．このときコイルとコンデンサーは（直列）共振しているという．このときの角周波数を**共振角周波数**，周波数を**共振周波数**という．共振周波数 f_0〔Hz〕は，

$$f_0 = \frac{1}{2\pi\sqrt{LC}} \tag{8.19}$$

である．

同様に，コンデンサーとコイルが並列に接続された回路（並列共振回路，図 8.19(b) 参照）を考えることもできる．角周波数 ω が

$$\omega L - \frac{1}{\omega C} = 0 \ \Omega \tag{8.20}$$

を満たすときに，コンデンサーの両端の電圧はもっとも大きくなる．そのとき，回路は（並列）共振しているという．コイルとコンデンサーに流れる電流は位相が π だけ違うので，打ち消し合う．したがって，定常状態になれば電源が供給しなければいけないエネルギーは，抵抗で消費されるジュール熱の分だけである．これが，並列共振回路が共振している際に電圧が最大になる理由である．

8.10 電気振動◇

図 8.20(a) のような回路を作り，コンデンサーを充電した後にスイッチをコイル側に切り替えると，コイルの両端に振動しながら減衰していく電圧が観測される（図 8.20(b) 参照）．

この電気振動は最初コンデンサーに蓄えられていたエネルギーが図 8.21 のように一度コイルに移り，それがまたコンデンサーに戻ってくるということが繰り返されるからである．このときの電気振動の振動数を回路の**固有振**

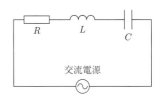

(a) 直列共振回路

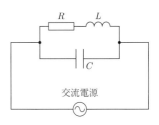

(b) 並列共振回路

図 8.19 LC 共振回路.

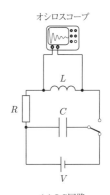

オシロスコープ

(a) LC回路

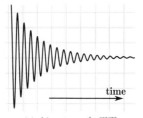

(b) オシロスコープの画面

図 8.20 LC 回路における電気振動.

動数，または**固有周波数**という．この固有振動数 f_0〔Hz〕は

$$f_0 = \frac{1}{2\pi\sqrt{LC}} \tag{8.21}$$

である．すなわち，この回路を交流電源につないだ際に観測される共振周波数と等しい．固有振動数と交流電源の周波数が等しい場合に，回路と交流電源が**共振**しているという[注12].

注12　ここでは，抵抗は小さいという前提で考察していいる．

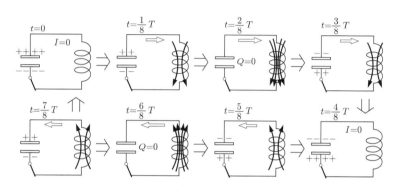

図 8.21　コイルとコンデンサーが起こす電気振動．

　振動が減衰するのは，回路にある抵抗のためにエネルギーがジュール熱になって失われるからである．言い換えると，回路にある抵抗が十分小さいと振動が長時間続くことになる．また，抵抗が十分小さく近似的にエネルギー保存の法則が成り立つと考えることができれば，コンデンサーに蓄えられるエネルギーの最大値とコイルに蓄えられるエネルギーの最大値は同じである．

8.11　変圧器◇

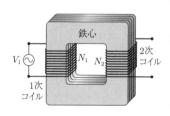

図 8.22　トランス．鉄心が薄い板を重ねて作られているのは，渦電流を減らすためである．

　鉄などの透磁率が高い物質を使って，図 8.22 のように，一つのコイル（1次コイル）が作る磁束がすべてもう一つのコイル（2次コイル）を貫くように工夫した装置を**変圧器**という．1次コイルに交流電源 $V_1(t) = V_0 \sin\omega t$ をつないで電流を流すと，1次コイルは $V_0 \sin\omega t - N_1 \Delta\Phi/\Delta t = 0$ を満たす時間変動する磁束 $\Delta\Phi$〔Wb〕を作る．ここで，N_1 は 1 次コイルの巻き数である．一方，2次コイルでは，ファラデーの電磁誘導の法則に従って，$V_2(t) = -N_2 \Delta\Phi/\Delta t$ の電圧が発生する．ここで，N_2 は 2 次コイルの巻き数である．したがって，

$$V_2(t) = -N_2\frac{\Delta\Phi}{\Delta t} = -N_2\frac{V_0\sin\omega t}{N_1} = -\frac{N_2}{N_1}V_1(t) \tag{8.22}$$

が得られる．このように変圧器を使って交流電圧を自由に変えることができる．なお，変圧器における電力の損失がなければ，エネルギー保存の法則から 1 次コイルにおける電力 $P_1(t)$ と 2 次コイルにおける電力 $P_2(t)$ は等

しい．それぞれのコイルに流れる各瞬間の電流を $I_1(t)$ と $I_2(t)$ とすれば，$V_1(t)I_1(t) = P_1(t) = P_2(t) = V_2(t)I_2(t)$ が成り立つ．式 (8.22) を代入すると，以下の式が得られる．

$$I_2(t) = -\frac{N_1}{N_2}I_1(t). \tag{8.23}$$

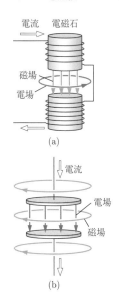

(a)

(b)

図 8.23 (a) 誘導電場と (b) 変位電場．(a) の下向きの矢印は変動する磁場を示していて，リングは誘導電場を表している．一方，(b) の下向きの矢印は変動する電場を示していて，コンデンサーの電極間のリングは変動する電場によって生じる磁場である．

注 13 「電流」が途中でなくなることは「変」である．

注 14 このある種の「電流」のことを変位電流という．

注 15 「絡み合いながら」はイメージである．より正確には，変動する何かがあってそれをある方法で測定すると磁場が得られ，他の方法で測定すると電場が得られるというべきである．詳細は本章のコラム参照．

8.12　電磁波 ♡

図 8.23(a) のような装置を作る．交流を流すとコイルには誘導起電力が発生する．さて，この誘導起電力が発生するために導線が必要であろうか？誘導起電力が発生するのは，磁場が変動したために電場が発生したからだと考えると，真ん中のコイルが途切れている部分にも電場が発生するはずである．そして，実際に電場が発生することが観測されている．このような**磁場変動に伴う変動する電場を誘導電場**という．

一方，コンデンサーに交流電圧を加える（図 8.23(b) 参照）と電流が流れる．ここで，コンデンサーの極板間の何もない空間にも，ある種の「電流」が流れているはずである[注 13]．ここで，2 枚の極板の上下の導線を流れる電流によって周囲に磁場が生じている．ならば，このある種の「電流」[注 14] によっても磁場が存在すると考えても良いのではないだろうか？　実際，観測によればコンデンサーの極板間にも**変動する磁場**が観測されている．

変動する電場と変動する磁場が何もない空間を絡み合いながら一体となって伝播する[注 15] 波がマックスウェルによって理論的に予言され，ヘルツによって実験的に確認されている．電磁波である．今日，電磁波の存在を疑う人はいないだろう．電磁波は図 8.24 のように電場と磁場の変動が空間を伝わる横波で，その速度は光速である．

電磁波は波であるので，反射や屈折，回折と干渉などの現象が観測される．これらの現象については，すでに波や光の章で学んだので，繰り返さない．電磁波には波長に応じてさまざまな名前がつけられていて，応用されている．表 8.1 参照のこと．

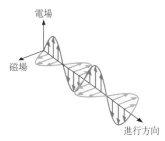

図 8.24 電磁波の伝播の様子．

8.13　自己インダクタンスの例

自己インダクタンスの計算は通常難しい．しかしながら，十分長いソレノイドの場合は簡単なので，ここで議論しよう．単位長さ当たりの巻数を n，コイルの長さを l，断面積を S とする．

周波数〔Hz〕	10^{20}	10^{18}	10^{16}	10^{14}	10^{12}	10^{10}	10^{8}	10^{6}	
波長〔m〕	10^{-12}	10^{-10}	10^{-8}	10^{-6}	10^{-4}	10^{-2}	1	10^{2}	10^{4}
名称	γ線／X線	X線	紫外線	可視光線	赤外線	電波／マイクロ波	超短波	短波／中波	長波
用途	材料検査／医療	医療／X線写真	化学作用用／殺菌灯	光学機器／赤外線写真	乾燥加熱	レーダー／衛星放送／携帯電話	テレビ放送／FM放送	短波放送／船舶通信／国内ラジオ放送	航空機通信

表 8.1　様々な電磁波.

コイルに電流 I を流した場合，コイル内部に生じる磁束密度は，

$$B = \mu_0 nI$$

である．コイルの一巻を貫く磁束は BS，コイルの巻数は nl だから，コイル全体を貫く磁束は

$$\Phi = nlBS = \mu_0 n^2 lSI$$

となる．定義より，自己インダクタンスは以下の式で与えられる．

$$L = \mu_0 n^2 lS. \tag{8.24}$$

8.14　コイルと抵抗の直列回路の過渡応答

図 8.10 の場合の電流変化を微分方程式を用いて求めよう．スイッチを閉じて（電流が流れはじめて）からしばらくはコイルの自己誘導による起電力により，抵抗 R にかかる電圧は電池の電圧 V より小さくなる．数式で表すと，

$$V - L\frac{dI(t)}{dt} = RI(t)$$

である．$I(t) = \dfrac{V}{R} - y(t)$ とおくと，

$$V + L\frac{dy(t)}{dt} = V - Ry(t) \leftrightarrow \tau\frac{dy(t)}{dt} = -y(t)$$

となる．ここで，$\tau = L/R$ である．よって，$y(t) = Ce^{-t/\tau}$ が得られる．C は積分定数である．$t = 0$ で電流はゼロであるので，$C = V/R$ であることがわかる．以上をまとめると，

$$I(t) = \frac{V}{R}(1 - e^{-t/\tau})$$

となることがわかる. τ をこの回路の**時定数**という.

8.15 閉回路を貫く磁束♠ ————————●

一様な磁場と直交する平面上にある閉回路を貫く磁束は, 先に議論したように閉回路の面積と磁束密度の大きさの積で求めることができる. しかし, 磁場が一様でなかったり, 閉回路が平面でなかったりする場合はこのままでは扱えない. そこである閉回路 C を貫く磁束を磁束密度 $\vec{B}(\vec{r})$ を用いて,

注16 $\vec{n}dS = d\vec{S}$ と略記する.

注17 Φ は曲面のとり方に依存しないので, このような物理量を考える意味がある.

$$\Phi = \int_S \left(\vec{B}(\vec{r}) \cdot \vec{n}(\vec{r}) \right) dS = \int_S \vec{B}(\vec{r}) \cdot d\vec{S} \tag{8.25}$$

と定義しよう[注16]. ここで, S は閉回路 C を境界とする任意の曲面である. $\vec{n}(\vec{r})$ は, 回路の向きを決めておき, その向きに回転する右ネジの進む向きを正とするようなその曲面に対する法線ベクトルである. Φ は曲面のとり方に依存しないことを示そう[注17].

まず, 図 8.25 のように閉回路を境界とする任意の二つの曲面 S_1, S_2 を考え, それらを貫く磁束をそれぞれ Φ_1, Φ_2 とする.

$$\Phi_1 = \int_{S_1} \vec{B}(\vec{r}) \cdot d\vec{S}, \quad \Phi_2 = \int_{S_2} \vec{B}(\vec{r}) \cdot d\vec{S}$$

二つの曲面を合わせた $S_1 + S_2$ は閉曲面になるので, ガウスの法則により,

$$\int_{S_1+S_2} \vec{B}(\vec{r}) \cdot d\vec{S} = 0 \text{ T} \tag{8.26}$$

である. ここで, 曲面 S_1, S_2 を独立に考えた場合の法線の向きと, 二つを組み合わせて閉曲面を作ったときの法線の向きに注意すると (図 8.26 参照),

$$\int_{S_1+S_2} \vec{B}(\vec{r}) \cdot d\vec{S} = \int_{S_1} \vec{B}(\vec{r}) \cdot d\vec{S} - \int_{S_2} \vec{B}(\vec{r}) \cdot d\vec{S} = \Phi_1 - \Phi_2$$

である. 式 (8.26) と合わせて, $\Phi_1 = \Phi_2$ となり, 曲面 S のとり方に依存しないことがわかる.

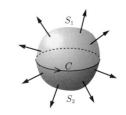

図 8.25 閉曲線 C (閉回路) を境界とする二つの曲面 S_1 と S_2 で閉曲面を作った場合の法線の向き.

図 8.26 閉曲線 C (閉回路) を境界とする二つの曲面 S_1 と S_2 の法線の向き.

8.16 複素数を用いた交流回路の表現♠ ————————●

コイルやコンデンサーを含んだ回路を考える場合に, ある軸に射影すると電流や電圧になる回転するベクトルを考えると便利であった. ここでは, 複素平面の原点を中心とする円運動を行う点を考えよう. その円運動の半径を r_0, 角速度を ω とすると,

$$r_0 e^{i\omega t} = r_0 \cos \omega t + i r_0 \sin \omega t \tag{8.27}$$

のように, 円運動を指数関数によって表すことができる. また, 射影の代わりに実部 (または虚部) をとることによって三角関数を取り出すことができ,

複素数で表された「拡張された」電圧や電流を，実際に測定される電圧や電流に対応させることも容易である．

実際の電圧が $V_0 \cos \omega t$ の場合に，複素数に拡張された「電圧」を[18] $V_0 e^{i\omega t}$ と表すことにしよう[19]．この複素数電圧より，各素子ごとに成り立つ次の**電圧と電流の関係**を用いて，複素数電流を求める．

注 18　時間原点を変えれば，正弦関数と余弦関数は入れ替えることができるので，どちらを選んでも良い．ここでは，余弦関数を用いた．

注 19　同様に拡張された「電流」$I_0 e^{i\omega t}$ を考えることもできる．

- 抵抗

    オームの法則 $(V = RI)$

- コイル

    $V - L\dfrac{dI}{dt} = 0$ に $I = I_0 e^{i\omega t}$ を代入すると，$V = i\omega L I$ を得る．

- コンデンサー

    $I = C\dfrac{dV}{dt}$ に $V = V_0 e^{i\omega t}$ を代入すると，$V = \dfrac{1}{i\omega C}I$ を得る．

次に，この複素数電流の実数部分を求めると（実軸に射影すると）観測される電流が得られる．

素子	電圧と電流の関係	複素数電流	複素数電流の実数部分
R	$V = RI$	$\dfrac{V_0}{R}e^{i\omega t}$	$\dfrac{V_0}{R}\cos\omega t$
L	$V = i\omega L I$	$\dfrac{V_0}{i\omega L}e^{i\omega t} = \dfrac{V_0}{\omega L}e^{i(\omega t - \pi/2)}$	$\dfrac{V_0}{\omega L}\cos\left(\omega t - \dfrac{\pi}{2}\right)$
C	$V = \dfrac{1}{i\omega C}I$	$i\omega C V_0 e^{i\omega t} = \omega C V_0 e^{i(\omega t + \pi/2)}$	$\omega C V_0 \cos\left(\omega t + \dfrac{\pi}{2}\right)$

表 8.2　電圧と電流の関係．

抵抗，コイル，そしてコンデンサーの場合は，複素数電流にそれぞれ $R, i\omega L, 1/(i\omega C)$ を乗算すると，複素数電圧を得ることができる．そこで，$R, i\omega L, 1/(i\omega C)$ を抵抗，コイル，そしてコンデンサーの**インピーダンス**[20]と呼ぶことにする．インピーダンスを用いると，交流回路における抵抗，コイル，そして，コンデンサーを直流回路の抵抗のように扱うことができる．

注 20　各素子のインピーダンスは，既出の「インピーダンスの大きさ」に電圧と電流の位相の関係を表す虚数単位 i を含めたものである．$i = e^{i\pi/2}, 1/i = -i = e^{-i\pi/2}$ である．

8.17　変位電流

交流回路において，コンデンサーの極板間を流れるある種の「電流」を考えた．それは実は**変位電流**と呼ばれるものである．ここでは，この変位電流についてもう少し詳しく考えよう．

平行板コンデンサー（面積 S，間隔 d）を考える．このコンデンサーに電荷 Q が蓄えられている場合に，回路に流れる電流は $I = -\dfrac{dQ}{dt}$ である．符号は図 8.27 の x 軸方向を基準に考える．一方，電極間の電束密度の大きさは $D = \varepsilon_0 E = -\dfrac{Q}{S}$ であるから，電流を電束密度で表すと，$I = S\dfrac{\partial D}{\partial t}$ と

なる．すなわち，コンデンサーの極板間の仮想的な電流の密度は $\dfrac{I}{S} = \dfrac{\partial D}{\partial t}$ であることがわかる．

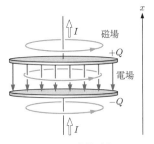

図 8.27 変位電流．

平行板コンデンサーでなくても，電場（電束密度）の時間変動があれば，変位電流の密度は $\dfrac{\partial \vec{D}}{\partial t}$ で与えられると考えるのは自然であろう．

直流電流によって生じる磁場を与える法則として，アンペールの法則

$$\oint_C \vec{H}(\vec{r}) \cdot d\vec{r} = \int_S \vec{i}(\vec{r}) \cdot d\vec{S} \tag{8.28}$$

があった．変位電流も含めて，変動する電流と磁場の関係を与えるものとして，アンペールの法則を

$$\oint_C \vec{H}(\vec{r}, t) \cdot d\vec{r} = \int_S \left(\vec{i}(\vec{r}, t) + \frac{\partial \vec{D}(\vec{r}, t)}{\partial t} \right) \cdot d\vec{S} \tag{8.29}$$

のように拡張する．

8.18 マクスウェルの方程式♠

最後に電磁気学のまとめとして，今までに学んだ基本法則を整理しよう．以下の4つの法則を組にして，マクスウェルの方程式という．

- ガウスの法則：$\displaystyle\int_S \vec{D} \cdot d\vec{S} = \int_V \rho \, dv$

- 電磁誘導の法則：$\displaystyle\oint_C \vec{E} \cdot d\vec{r} = -\frac{d}{dt} \int_S \vec{B} \cdot d\vec{S}$

- 磁気に関する法則：$\displaystyle\int_S \vec{B} \cdot d\vec{S} = 0 \ \mathrm{Wb}$
  この法則は電荷の場合のガウスの法則に対応．

- アンペールの法則：$\displaystyle\oint_C \vec{H}(\vec{r}, t) \cdot d\vec{r} = \int_S \left(\vec{i}(\vec{r}, t) + \frac{\partial \vec{D}(\vec{r}, t)}{\partial t} \right) \cdot d\vec{S}$
  電場の変動に伴う変位電流を取り込んだ拡張されたアンペールの法則である．

これらに電場と電束密度の関係 $\vec{D} = \varepsilon \vec{E}$，磁場と磁束密度の関係 $\vec{B} = \mu \vec{H}$，そして，電場と電流密度の関係 $\vec{i} = \sigma \vec{E}$ を組み合わせれば，電磁気的現象を統一的に説明することができる．たとえば，電場と磁場が絡み合いながら[21]空間を伝播する電磁波を導くことができる．

注21 本章のコラム参照．

章末問題

問題 8.1$^\heartsuit$ 図 8.28 のそれぞれの場合について，閉回路を流れる誘導電流の向きを図に示せ．

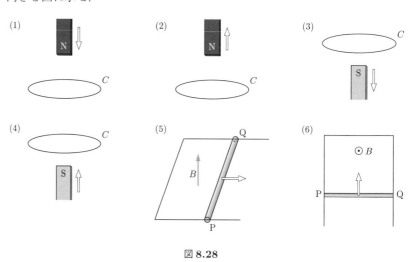

図 **8.28**

(1) 磁石の N 極をコイル C に近づける．

(2) 磁石の N 極をコイル C から遠ざける．

(3) 磁石の S 極をコイル C から遠ざける．

(4) 磁石の S 極をコイル C に近づける．

(5) 一様な磁場中で導体棒 PQ を図の方向に動かす．

(6) 一様な磁場中で導体棒 PQ を図の方向に動かす．

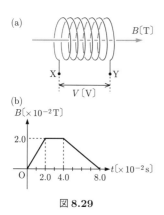

図 **8.29**

問題 8.2$^\heartsuit$ 断面積が 2.0×10^{-3} m^2 で 100 回巻きのコイルがある．図 8.29(a) のように，このコイルを磁束密度が B〔T〕の一様な磁場中に，磁場がコイルの断面を垂直に貫くように置いた．磁束密度 B を図 8.29(b) のように変化させたときに，コイルに生じる誘導起電力 V〔V〕を時間の関数として求めてグラフに示せ．ただし，B は右向きを正として，V は Y に対して X が高い電位になるときを正とする．

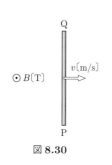

図 **8.30**

問題 8.3$^\heartsuit$ 図 8.30 のように，磁束密度が B〔T〕の一様な磁場中に，長さが l〔m〕である導体棒 PQ を磁場と垂直になるように置く．この導体棒を図 8.30 の矢印の向きに一定の速さ v〔m/s〕で動かした．このとき，P と Q のどちらの電位が高くなるか．また，PQ 間に生じる誘導起電力の大きさを求めよ．

問題 8.4♡　図 8.31 のように，鉛直上向きで磁束密度が B〔T〕の一様な磁場中に，十分に長い 2 本の導体レールを平行に距離 l〔m〕だけ離して水平に置き，抵抗値 R〔Ω〕の抵抗 R を接続した．さらに，レールに垂直となるように質量 m〔kg〕の導体棒 PQ を置き，この導体棒に矢印の方向へ力 F〔N〕を加えて一定の速さ v〔m/s〕で運動させた．レールと導体棒の間に摩擦はないものとし，抵抗器以外の抵抗や，回路を流れる電流が作る磁場は無視できるものとする．

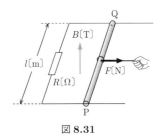

図 8.31

(1)　PQ 間に生じる誘導起電力 V〔V〕を求めよ．ただし，V は P に対して Q が高い電位になるときを正とする．

(2)　抵抗 R を流れる電流の大きさ I〔A〕を求めよ．

(3)　抵抗 R で消費される電力 P_1〔W〕を求めよ．

(4)　導体棒 PQ を一定の速さで運動させるために必要な力の大きさ F〔N〕を求めよ．

(5)　(4) の力が導体棒にする仕事の仕事率 P_2〔W〕を求めよ．

問題 8.5♡　図 8.32 のように，鉛直上向きで磁束密度が B〔T〕の一様な磁場中に，十分に長い 2 本の導体レールを平行に距離 l〔m〕だけ離して水平面とのなす角が θ となるように置き，抵抗値 R〔Ω〕の抵抗 R を接続した．さらに，レールに垂直となるように質量 m〔kg〕の導体棒 PQ を置き静かに手を放したところ，導体棒はレールと直角を保ちながらなめらかに動いた．レールと導体棒の間に摩擦はないものとし，抵抗器以外の抵抗や，回路を流れる電流が作る磁場は無視できるものとする．また，重力加速度の大きさを g〔m/s^2〕とする．

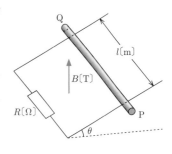

図 8.32

(1)　導体棒 PQ が斜面に沿って速さ v〔m/s〕で落下しているときの，PQ に流れる電流の向きと，その大きさを求めよ．

(2)　(1) のとき，磁場が導体棒 PQ に及ぼす力の大きさ F〔N〕を求めよ．

(3)　落下する導体棒 PQ の速さはやがて一定となった．このときの速さ v_1〔m/s〕を求めよ．

問題 8.6♡　図 8.33 のように，鉛直上向きで磁束密度が B〔T〕の一様な磁場中に，十分に長い 2 本の導体レールを平行に距離 l〔m〕だけ離して，水平面とのなす角が θ となるように置き，起電力 E〔V〕の電池 E，可変抵抗をつないだ．さらに，レールに垂直となるように質量 m〔kg〕の導体棒 PQ を置き，手で支えた．レールと導体棒の間には摩擦はないものとして，抵抗器以外の抵抗や，回路を流れる電流が作る磁場は無視できるものとする．また，重力加速度の大きさを g〔m/s^2〕とする．

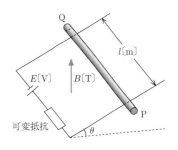

図 8.33

(1) 可変抵抗の抵抗値を R_0〔Ω〕にして導体棒から静かに手を放したところ，導体棒は静止したままであった．R_0 を求めよ．

(2) 次に，可変抵抗の抵抗値を $R_1(< R_0)$〔Ω〕にして導体棒から静かに手を放したところ，導体棒はレールに沿って上に動きはじめた．動きはじめたときの導体棒の加速度の大きさ a〔m/s²〕を求めよ．

(3) 上に動きはじめた導体棒の速さはやがて一定となった．このときの PQ の速さ v〔m/s〕を求めよ．

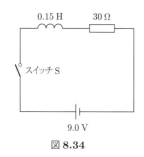

0.15 H　　30 Ω

スイッチ S

9.0 V

図 8.34

問題 8.7　抵抗値が 30 Ω の抵抗，自己インダクタンスが 0.15 H で抵抗が無視できるコイル，起電力が 9.0 V の電源，スイッチ S を接続して，図 8.34 のような回路を作った．はじめ，スイッチ S は開いているものとする．

(1) スイッチ S を閉じた瞬間に回路に流れる電流の大きさを求めよ．

(2) スイッチ S を閉じてから回路を流れる電流の大きさが 0.20 A になった瞬間のコイルの両端の誘導起電力の大きさを求めよ．

(3) (2) の瞬間の回路に流れる電流の変化率を求めよ．

(4) スイッチ S を閉じてから十分に時間が経過した後の回路に流れる電流の大きさを求めよ．

(5) (4) のときの，コイルに蓄えられているエネルギーを求めよ．

(a)

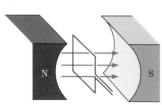

(b)

図 8.35

問題 8.8◇　断面積が S〔m²〕で n 回巻きのコイルがある．このコイルを図 8.35(a) のように磁束密度が B〔T〕の一様な磁場中に置き，一定の角速度 ω〔rad/s〕で矢印の向きに回転させた．コイルが図 8.35(b) の位置にある時刻を $t = 0$ s とする．

(1) 時刻 $t = 0$ s にコイルを貫く磁束 $\Phi(0)$〔Wb〕を求めよ．

(2) ある時刻 t〔s〕にコイルを貫く磁束 $\Phi(t)$〔Wb〕を求めよ．

(3) ある時刻 t〔s〕にコイルに生じる誘導起電力 V〔V〕を求めよ．ただし，時刻 $t = 0$ s 直後における起電力の符号を正とする．

(a)

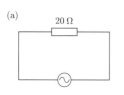

20 Ω

(b)

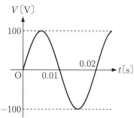

V〔V〕

100

0.02

O　0.01　　t〔s〕

−100

図 8.36

問題 8.9◇　振幅が 100 V の交流電源に抵抗値が 20 Ω の抵抗をつなぎ図 8.36(a) のような回路を作った．図 8.36(b) は交流電源の電圧の変化の様子を示している．

(1) この交流電源の電圧の最大値を求めよ．

(2) この交流の周波数を求めよ．

(3) 抵抗を流れる電流の時間変化を表すグラフを描け．

問題 8.10$^\diamond$　図 8.37 のように,

(A)　電気容量が C〔F〕のコンデンサー,

(B)　自己インダクタンスが L〔H〕で抵抗が無視できるコイル,

を時刻 t〔s〕における電源電圧 $V(t)$〔V〕が

$$V(t) = V_0 \sin \omega t$$

で表される交流電源に接続したときの, 回路を流れる電流 $I(t)$〔A〕をそれぞれ求めよ.

問題 8.11$^\diamond$　抵抗値が R〔Ω〕の抵抗 R, 電気容量が C〔F〕のコンデンサー C, 周波数が f〔Hz〕で実効値が V_e〔V〕の交流電源を用いて, 図 8.38 のような回路を作った.

(1)　R と C の直列回路のインピーダンスの大きさを求めよ.

(2)　電流の実効値を I_e〔A〕としたときの, 抵抗にかかる電圧の実効値 V_1〔V〕とコンデンサーにかかる電圧の実効値 V_2〔V〕を求めよ.

(3)　電流の実効値 I_e を R, C, f, V_e を用いて表せ.

問題 8.12$^\diamond$　抵抗値が R〔Ω〕の抵抗 R, 自己インダクタンスが L〔H〕で抵抗が無視できるコイル L, 電気容量が C〔F〕のコンデンサー C, 周波数が f〔Hz〕で実効値が V_e〔V〕の交流電源を用いて, 図 8.39 のような回路を作った.

(1)　R と L と C の直列回路のインピーダンスを求めよ.

(2)　回路に流れる電流の実効値を求めよ.

(3)　回路の消費電力の平均値を求めよ.

(4)　電源の周波数を変化させたところ, 回路に流れる電流が最大となる周波数を求めよ. また, このときの電流の位相と交流電源の電圧の位相のずれを求めよ.

問題 8.13$^\diamond$　自己インダクタンスが 4.0 H で抵抗が無視できるコイル L, 電気容量が 9.0 μF のコンデンサー C, スイッチ S を用いて図 8.40 のような回路を作った. はじめコンデンサーは電圧 V_0〔V〕で充電されており, スイッチ S は開いている. スイッチ S を閉じたところ, 回路には電気振動が起こった.

(1)　この電気振動の周波数を求めよ.

(2)　この電気振動での電流の大きさの最大値を求めよ.

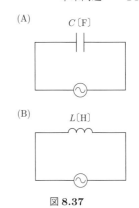

図 8.37

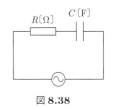

図 8.38

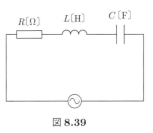

図 8.39

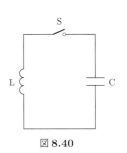

図 8.40

━━━━━ ベクトル・ポテンシャル ━━━━━

電磁波の説明の際に，電場と磁場が一体となって波として伝わるというよりも

> ある一つの実体が波として伝わっている．そして，その実体をある見
> 方をすると電場の波に，別の見方をすると磁場の波に見える．

という話をしました．さて，この実体はなんでしょうか？　それは，ベクトル・ポテンシャル $\vec{A}$ というモノです．ちょっとガマンしてください，数式で表現すると[注22]

$$\vec{B} = \vec{\nabla} \times \vec{A}, \quad \vec{E} = -\vec{\nabla}\phi - \frac{\partial \vec{A}}{\partial t}$$

のように $\vec{A}$ の空間に関する微分を用いて磁束密度 $\vec{B}$ を，そして $\vec{A}$ の時間に関する微分を用いて電場 $\vec{E}$ を表すことができる便利なベクトルです．詳細は省略しますが，この $\vec{A}$ を使うと，本章の最後に議論した四つあったマクスウェルの方程式が二つの式に還元されます[注23]．

ところが，この $\vec{A}$ を観測する方法がわかりませんでした．物理学は実験科学ですから，観測できない「幽霊のような」存在に理論の基礎をおくことはできません．そのため，長い間 $\vec{A}$ は実体のない単なる数学的な対象と考えられることになり，マクスウェルの方程式は4つの式で構成されることになりました[注24]．今，大学生が最初に学ぶのはそのような電磁気学です．

やがて，量子力学が発展すると，この $\vec{A}$ を観測する方法が1960年代にアハラノフとボームによって提案されました．いわゆるAB効果です．ただ，この理論については、さまざまな議論がなされました．AB効果は起こらないという理論の論文も発表され，1960年代と1970年代は混沌としていました．ところが1980年代には，なんとこの $\vec{A}$ の存在が，日立基礎研究所の外村によるホログラフィー電子顕微鏡[1] を用いた実験によって検証されたのです．詳細は参考文献[2,3] にありますので，是非読んでください．外村は，「電子が粒子性と波動性を同時に示すことを検証した」美しい実験を行ったことや，日本人ではじめてロンドンの英国王立研究所での「金曜講話」[注25] を行った[注26] ことでも有名です．彼がノーベル賞を受賞せずに亡くなったのは，とても残念です．

実は，AB効果は量子力学における「幾何学的位相」というものが関与しています．量子力学的な「幾何学的位相」ではありませんが，図8.41 の例がわかりやすいと思います．この場合，常に同じ向きに保って動かしたはずの棒の向きが，出発点に戻ってくると異なることもある現象です．この場合は球面という「幾何学」に関連した「角度変化＝位相変化」が起こっています．この幾何学的位相は，物理学の様々な局面に現れています．量子コンピュータの基礎技術として量子ビットの制御に応用されてもいます．NMRでは，測定精度を向上させるために意図せずに使われたりもしています[4]．筆者は，この幾何学的位相に憧れ（かっこいいなと思って，ミーハーに），なんとか「幾何学的位相」に関連した研究を行ってみたい[注27] と思っていましたので，論文[4] を書きあげたときはとてもうれしかったです．

参照文献

[1] http://www.hitachi.co.jp/rd/portal/highlight/quantum/index.html

[2] 外村　彰，"電子波で見る電磁界分布–ベクトルポテンシャルを感じる電子波"，電子情報通信学会誌 **83**(12)（通号 919）2000.12 pp. 906-913，http://www.ieice.org/jpn/books/kaishikiji/200012/20001201-1.html

[3] 外村　彰，"量子力学を見る―電子線ホログラフィーの挑戦"，ISBN-10: 4000065289.

注22　こんな式があるんだと，フーンと思っていればOKです．

注23　便利なモノですね，覚えなければいけない式は少なければ少ないほど良いはずです．

注24　マクスウェルは当初ベクトル・ポテンシャルを用いて理論を構築していました．

注25　ファラデーの『ロウソクの科学』でも有名です．

注26　筆者も，彼の金曜講話の再現講演を聴講したことがあります．

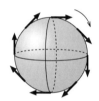

図8.41　球面上を矢印を「同じ向きに保って」動かす際，その動かし方によって最初と最後の向きが異なる場合がある．

注27　今は，ファインマンの経路積分法に憧れています．

[4]　Y. Kondo, and M. Bando, "Geometric quantum gates, composite pulses, and Trotter-Suzuki formulas", J. Phys. Soc. Jpn. **80** (2011) 054002-1～4.

9 電子と光

電子の性質について理解を深める．また，電子や光の「粒子でもあり，波でもある」という奇妙な性質について議論する．

9.1 陰極線 ♡ ───────────────────●

気体は通常電気を通さないが，高い電圧が加わると電流が流れることがある[注1]．ガラス管の中に1対の電極[注2]を置き，中に希薄な気体を満たした装置を考えよう．電極に数千Vの電圧をかけると，電極の間の気体が，その気体に特有な色を発生する現象，**真空放電**が起こる．1Pa程度まで気体の圧力を下げると気体に特有な色は消え，陽極付近のガラスが薄緑色に発光することが観測される．この発光は陰極から放射された何かがガラスに衝突することによって起こると考えられ，その何かは**陰極線**と呼ばれた．

この陰極線は

- 直進し，物体によって遮られる（図9.1(a)）
- 陰極線があたった物体は，発光したり温度が上昇する（図9.1(a)）．
- 電場や磁場によって曲げられる（図9.1(b, c)）．

ことがわかり，負電荷をもつ粒子の流れであると考えられるようになった．この負電荷をもつ粒子は**電子**と命名された．

9.2 電子の電荷と質量の比 ◇ ─────────●

J.J.トムソンは陰極線を電場で曲げることに成功し，磁場中の陰極線の実験と合わせて電子の電気量の大きさ e〔C〕と質量 m〔kg〕の比 $\dfrac{e}{m}$ を測定することに成功した．

図9.2(a)を考えよう．電子は初速度の大きさ v〔m/s〕で電子の軌道を曲げる電極（偏向電極）に入射する．簡単のために，L〔m〕$\gg l$〔m〕とする．偏向電極間の電場の大きさを E〔V/m〕[注3]とする．電子が電極の中にいる時間 t_1〔s〕は，$t_1 = \dfrac{l}{v}$ である．その間に電場による力 eE を受けるので，その y 軸方向の速度の大きさ v_y〔m/s〕は $v_y = \dfrac{eEt_1}{m}$ である．$L \gg l$ と仮定

注1 雷などの**放電**という現象である．

注2 正の電圧をかける電極を**陽極**，負の電圧を与える電極を**陰極**という．

(a)

(b)

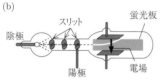

(c)

図9.1 陰極線の性質．

注3 電極間に与える電圧とその間の距離から求めることができる．

したので，偏向電極を出たときの y 座標は 0 m と近似できる．偏向電極を出てから，電子が蛍光面に達するまでの時間 t_2〔s〕は $t_2 = \dfrac{L}{v}$ であるので，蛍光面上の電子の y 座標 y_2〔m〕は

$$y_2 = v_y t_2 = \frac{eEl}{mv}\frac{L}{v} = \frac{e}{m}\frac{ElL}{v^2}$$

となる．したがって，

$$\frac{e}{m} = \frac{v^2 y_2}{ElL}$$

が得られる．

　ここで，v がわかれば，y_2，E，l，L は測定できるので，$\dfrac{e}{m}$ を求めることができる．速度を求めるために偏向電極内に電場と垂直に磁場をかけ，磁場の大きさを調整して，電子がそのまま電極内を直進する場合の磁束密度の大きさ B〔T〕を測定する[注4]と，

$$eE = evB$$

より，v がわかる．したがって，

$$\frac{e}{m} = \frac{Ey}{B^2 lL}$$

と求まる．この比を電子の**比電荷**という．その値は，以下の通りである．

$$\frac{e}{m} = 1.7588 \times 10^{11} \text{ C/kg}$$

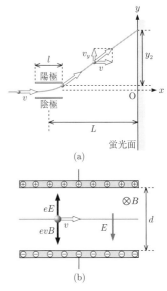

(a)

(b)

図 9.2　電子の電荷と質量の比の測定.

注 4　磁場を作るコイルの形状とそこに流す電流から求めることができる.

例題 9.1　図 9.3 のように，二つの極板 P，Q を平行に置いてそれぞれの極板を電源につなぎ，その間に E〔V/m〕の一様な電場を作る．図のように x，y 軸をとる．今，質量 m〔kg〕，電荷 $-e$〔C〕の電子を原点 O より x 軸方向に速さ v〔m/s〕で射出した．以下の物理量を求めよ．

(1)　電子が電場から受ける力の向きと大きさ.

(2)　電子が $x = l$〔m〕の位置を通過するまでにかかる時間と，そのときの x 軸からのずれ Δy〔m〕.

　次に，電場に加えて二つの電極間に磁束密度の大きさ B〔T〕の磁場を紙面に垂直な方向に加えた．電子を原点 O より x 軸方向に速さ v〔m/s〕で射出したところ，電子は x 軸に沿って直進した.

(3)　磁場の向きと速さ v.

(4)　電子の比電荷 $\dfrac{e}{m}$ を E，l，Δy を用いて表せ.

解　(1)　力は，上向きで大きさは $F = eE$ である.

(2)　x 軸方向の運動は等速運動となるので，$x = l$ の位置を通過す

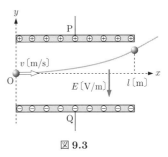

図 9.3

るまでにかかる時間を Δt〔s〕とすると，$\Delta t = \dfrac{l}{v}$ となる．y 軸
方向の加速度を a〔m/s^2〕とすると，運動方程式 $ma = F$ より
$a = \dfrac{eE}{m}$ となり，Δy は以下のようになる．

$$\Delta y = \frac{1}{2} \cdot \frac{eE}{m} \cdot \left(\frac{l}{v} \right)^2 = \frac{eEl^2}{2mv^2}$$

(3) x 軸に沿って直進するためには y 軸方向の力はつり合う必要が
ある．よって，電子が磁場から受ける力の向きは下向きとなら
なければいけないので，磁場の向きは紙面の手前から奥方向と
なる．また，磁場から受ける力の大きさは evB〔N〕なので，力
のつり合いより $eE = evB$ となり，$v = \dfrac{E}{B}$ となる．

(4) Δy の式に $v = \dfrac{E}{B}$ を代入して

$$\Delta y = \frac{eEl^2}{2m} \cdot \left(\frac{B}{E} \right)^2 = \frac{eB^2l^2}{2mE}$$

となるので，$\dfrac{e}{m} = \dfrac{2E\Delta y}{B^2l^2}$ が得られる．

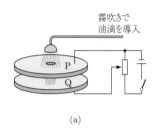

(a)

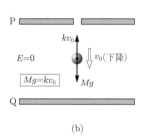

P

$E=0$ kv_0 $\Downarrow v_0$（下降）

$\boxed{Mg=kv_0}$ Mg

Q

(b)

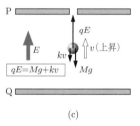

P

qE $\Uparrow v$（上昇）

E kv

$\boxed{qE=Mg+kv}$ Mg

Q

(c)

図 9.4 ミリカンの実験．

注5　現在の大学の学生実験では，微小なスチレン球を使うことが多い．

注6　ミリカンは電極間に X 線を透過させ，空気を電離することによって行った．

9.3　電子の質量 ◇

ミリカンは図 9.4(a) のような装置を作り，油滴の持つ電荷がある値の整
数倍になることを示した．P と Q は電極で，P には小さな穴が開いている．
この穴から小さな油滴[注5]を電極間に導入する．この油滴に何らかの原因で
電子が付着した[注6]としよう．

図 9.4(b) のように電極間に電場がない場合は，油滴には重力と落下の速さ
に比例した空気抵抗がはたらき，等速度で落下する．その速度 v_0〔m/s〕は

$$Mg = kv_0 \tag{9.1}$$

となる．ここで，M〔kg〕は油滴の質量，g〔m/s^2〕は重力加速度，k〔N/(m/s)〕
は空気抵抗の比例定数である．次に，電極間に大きさ E〔V/m〕の電場を発
生させて，速度の大きさ v〔m/s〕の等速度で油滴を上昇させたとすると，

$$qE = Mg + kv \tag{9.2}$$

が成り立つ．油滴の質量 M はわからないので，式 (9.1) と式 (9.2) より，

$$q = \frac{k}{E} (v_0 + v) \tag{9.3}$$

のように M を消去しよう．k, E, v, v_0 は測定可能な量なので，油滴の持
つ電気量を決定することができる．このようにして測定した油滴の電気量

が，ある値の整数倍になることから電気素量の値を求めた．その値は，現在

$$e = 1.6022 \times 10^{-19} \text{ C}$$

であることが知られている．また，比電荷と電気素量から電子の質量は

$$m = \frac{e}{e/m} = 9.11 \times 10^{-31} \text{ kg}$$

と求めることができる．

例題 9.2　ミリカンの実験によって得られた油滴の電荷の測定値を，小さい順に並べると次のようになった．

　　4.82, 6.43, 9.56, 11.22, 16.01 〔× 10^{-19} C〕

この結果より，電気素量の値 e はいくらと推定できるか．

解　互いに隣り合う値の差は，1.61, 3.13, 1.66, 4.79 となる．もう一度，小さい順番に並べると，1.61, 1.66, 3.13, 4.79 となる．これらの差は，0.05, 1.47, 1.66 となり，これらの値はおよそ 1.6 の整数倍になっていることがわかる．また，それぞれの測定値はそれぞれ 1.6 (× 10^{-19}) のおよそ

　　　3 倍，4 倍，6 倍，7 倍，10 倍

となっている．したがって，電気素量のおよその値は

$$e = \frac{4.82 + 6.43 + 9.56 + 11.22 + 16.01}{3 + 4 + 6 + 7 + 10} \times 10^{-19} \text{ C}$$

$$= 1.60 \times 10^{-19} \text{ C}.$$

と推定できる．

9.4　電子の波動性[♡]

電子は典型的な粒子であるが，奇妙なことに波のような振る舞いを示すことがある．外村は電子顕微鏡を応用して，光のヤングの 2 重スリット実験と同等な実験を行って，電子が波としての性質を示すことを検証した．この実験で重要なのは，スリットに相当する部分を通過する際に電子は単独であることである^{注7}．ところが，多数の電子の到達した跡は干渉縞を作る．

電子などの粒子の波動性は歴史的には，ド・ブロイが粒子も波動性を示すのではないかと考えたことに始まる．質量 m〔kg〕，運動量 p〔kg·m/s〕の粒子の波長 λ〔m〕は

$$\lambda = \frac{h}{p} \tag{9.4}$$

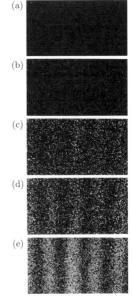

図 9.5　電子の粒子性と波動性．写真提供：株式会社日立製作所．

注7　電子は 1 個 1 個蛍光面（スクリーンに相当）に到達する．したがって，他の電子との相互作用によって，干渉縞が発生したとは考えられない．

注 8 2019 年 5 月から国際単位系では，プランク定数を実験的にその値が決定される定数ではなく，固定された定義値として扱うことになった．その値と光速および秒を組み合わせて，1 kg が決まる．

で表される．ここで，h をプランク定数[注 8] といい，

$$h = 6.62607015 \times 10^{-34} \text{ J} \cdot \text{s}$$

である．このような波を**物質波（ド・ブロイ波）**という．粒子が電子の場合は特に，**電子波**という．このように，粒子と波動が明確に区別できなくなることを**粒子性と波動性の二重性**という．

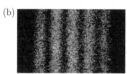

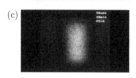

図 9.6 光の粒子性と波動性．出典：“光”を学ぶウェブサイト「Photon てらす」https://photonterrace.net/

例題 9.3 電子を 6.0×10 V で加速したところ，電子波の波長はいくらになるか．ただし，有効桁 2 桁で答えよ．

解 電子が V〔V〕で加速されるとき，電子が得る運動エネルギーは eV となるので，

$$\frac{1}{2}mv^2 = eV \quad \text{すなわち} \quad v = \sqrt{\frac{2eV}{m}}$$

となる．よって，電子波の波長 λ〔m〕は以下の式で与えられる．

$$\lambda = \frac{h}{p} = \frac{h}{mv} = \frac{h}{m\sqrt{\frac{2eV}{m}}} = \frac{h}{\sqrt{2meV}}$$

$$= \frac{6.6 \times 10^{-34}}{\sqrt{2 \cdot (9.1 \times 10^{-31}) \cdot (1.6 \times 10^{-19}) \cdot (6.0 \times 10)}} = 1.6 \times 10^{-10} \text{ m}$$

注 9 粒子とは，「一つ一つ数えることができるもの」である．

9.5 光の粒子性 ♡

ヤングの二重スリットの実験を，光量を極限まで減らして行うことができる（図 9.6(a), (b) 参照）．この場合，スクリーンに光がポツポツ[注 9] と到達する．このような，光の「塊＝粒」を**光子**という．

前節の電子の実験と同じく，スリットを通過する際は光子は単独である．したがって，他の光子との相互作用によって，干渉縞が発生したとは考えられない．また，興味深いことに二つあるスリットのうち一つを閉じると，干渉縞は生じない（図 9.6(c) 参照）．

図 9.7 光電効果．光をあてると電子が逃げていき，箔検電器の箔は閉じていく．

注 10 アインシュタインのノーベル賞の受賞理由は，「理論物理学への貢献，特に光電効果の法則の発見」である．

9.6 光電効果 ♡

9.5 節で紹介した光の粒子性を示す実験は，技術の進歩によって可能になった．しかしながら，アインシュタインは光電効果の実験結果から，光が粒子の性質を持つことを論じ，ノーベル賞を受賞した[注 10]．光電効果は以下のような現象である．図 9.7 のように良く磨いた亜鉛板を箔検電器にのせ，負に帯電させる．亜鉛板に紫外線を照射すると開いていた箔が閉じて，亜鉛板か

ら電子が飛び出したことがわかる．このように光のエネルギーによって，電子が飛び出す現象を**光電効果**といい，その電子を**光電子**という．

図 9.8 のような**光電管**と呼ばれる真空管を用いれば，定量的に光電子の測定が可能である．光電管はガラス管のなかに陰極と陽極を封入し，管内を真空にしたものである．陰極に光を照射すると陰極から光電子が飛び出し，陽極に到達するので，電流が流れる．この電流のことを**光電流**という．

図 9.9 のように，ある周波数（振動数）の光が入射すると，ある電圧 $-V_{M1}$〔V〕（**阻止電圧**という，$V_{M1} > 0$ V）より低い電圧を陽極にかけると光電流は流れない．このことより，このときの光電子の運動エネルギーの最大値は eV_{M1} であることがわかる．より周波数の高い光を入射すると阻止電圧は $-V_{M2}$〔V〕となり $V_{M2} > V_{M1}$ の関係がある．一方，より周波数の低い光を入射すると，だんだん阻止電圧は小さくなり最後には光電流が得られなくなる．すなわち，光電子が飛び出さなくなる．このような測定を整理すると，図 9.10 のようになる．ここで，光電子が得られなくなる光の周波数を**限界周波数（臨界振動数）**という．

次に，光量を変えた実験を行うと図 9.11 のようになる．流れる電流は光量に比例し，阻止電圧は変化しない．すなわち，光電子の数は光量に比例し，光電子の最大運動エネルギーは光の周波数のみに依存する．また，光量を小さくしても光電流は光を照射するとすぐに流れる．

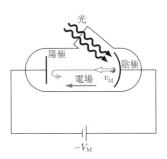

図 9.8 光電管を使った実験．

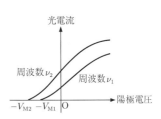

図 9.9 入射する光の周波数を変える．$\nu_2 > \nu_1$ である．

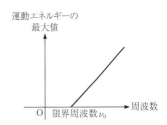

図 9.10 光の振動数と光電子の運動エネルギーの最大値との関係．

9.7 光量子仮説♡

光電効果の特徴と，そこから推論されることを整理しよう．

- 光の周波数が**限界周波数** ν_0〔Hz〕より小さいと，光電効果は起こらない．

  光のエネルギーはその周波数に関係している．

- 限界周波数より高い周波数の光を入射すると，光電子は光の強さに関係なくすぐに飛び出す．

  光のエネルギーが塊として金属に入射する．

- 阻止電圧は光の周波数にしか依存しない．

  上の塊のエネルギーは光の周波数にのみ依存している．

- 限界周波数よりも高い周波数の光を入射すると，その光の強さに比例して光電子の数は増えるが光電子の阻止電圧は変化しない．

  光のエネルギーの総量は光量と周波数（すなわち，塊のもつエネルギー）の二つの要素が関係している．

上で推論されたエネルギーの塊の一つ一つを**光子（光量子）**という．

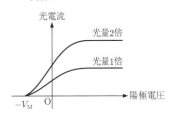

図 9.11 入射する光量を変える．

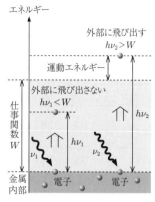

図 9.12　光電効果の説明.

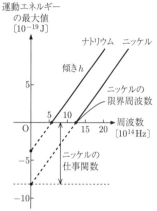

図 9.13　異なった陰極材料を用い
た光電効果.

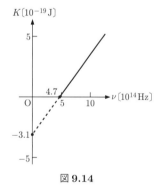

図 9.14

まず，金属中の自由電子について考えよう．自由電子は金属中でこそ自由に動くことができるが，金属の外には通常飛び出すことはない．すなわち，図 9.12 で表されるように，自由電子が金属の外に飛び出すためには，金属中の電子に仕事をして，そのエネルギーを増加させなければいけない．自由電子が飛び出すために与えなければならない必要な最小のエネルギー W〔J〕を，**仕事関数**という．

光電効果とは 1 個の自由電子が 1 個の光子と相互作用して，光子がエネルギーを自由電子に与える現象だと理解できる．1 個の光子がもつエネルギーが W より小さければ光電子は生じないし，光電子の最大運動エネルギーは光子のエネルギーから W だけ引いたものであることも理解できる．また，光電子が光量に比例するのは，光量が光子の数に比例するからである．

光子のエネルギーは周波数に比例する．その比例定数を h〔J·s〕とすると

$$E = h\nu = \frac{hc}{\lambda} \tag{9.5}$$

と表される．ここで，h はプランク定数である．

異なった金属は異なった仕事関数を持つ．したがって，異なった金属材料で陰極を作って光電効果の実験を行うと，阻止電圧も異なるはずである．しかしながら，光子のエネルギーは周波数に比例するので，図 9.13 の傾きは同じになるはずであり，実験結果は予測通りである．

例題 9.4　光電管の金属板にいろいろな振動数 ν〔Hz〕の光を照射したとき，飛び出す光電子の運動エネルギーの最大値 K〔J〕は図 9.14 のようになった．

(1)　金属板から光電子が飛び出すための光の振動数 ν_0〔Hz〕の最小値を求めよ．

(2)　この金属の仕事関数 W〔J〕を求めよ．

(3)　W と ν_0 から，プランク定数の値を推定せよ．

解　(1)　図より，$K = 0$ J となる振動数を求めれば良いので，$\nu_0 = 4.7 \times 10^{14}$ Hz となる．

(2)　この金属の仕事関数 W の値はグラフの縦軸との切片の大きさとなるので，$W = 3.1 \times 10^{-19}$ J となる．

(3)　照射した光の振動数 ν と飛び出す光電子の運動エネルギーの最大値 K の間には $K = h\nu - W$ の関係が成り立つ．$\nu = 4.7 \times 10^{14}$ Hz のとき $K = 0$ J なので，以下のように推定で

きる.

$$h = \frac{3.1 \times 10^{-19}\ \mathrm{J}}{4.7 \times 10^{14}\ \mathrm{Hz}} = 6.6 \times 10^{-34}\ \mathrm{J \cdot s}$$

9.8 X線の発見と波動性◇

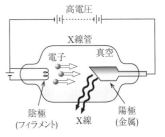

図 9.15 X線発生装置.

図 9.15 のような装置の陽極から, 以下の性質をもつ何かが出ていることがわかった. これは, 未知のモノという意味で X 線と名づけられた.

- 化学反応を起こしたり, 蛍光物質を発光させる.
- 強い透過性を持ち, 物質をイオン化する.
- 電場や磁場によっては曲げられない.

さらに, 図 9.16 のような装置を用いると, X 線は結晶により回折像（**ラウエ斑点**）を作ることがわかり, 結晶格子の大きさと同程度の波長を持つ（紫外線より波長が短い）電磁波であると結論づけられた. このような X 線の回折現象を **X 線回折**という.

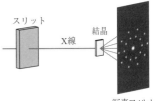

図 9.16 X線の結晶による回折.

また, 多数の格子面上の原子による散乱は, 図 9.17 からわかるように

$$2d \sin\theta = n\lambda \tag{9.6}$$

を満たすときに, 強い反射（**ブラッグ反射**という）を起こす. この条件を**ブラッグの反射条件**, 角度 θ を**ブラッグ角**という.

結晶を用いた X 線の回折を応用することによって, X 線のスペクトルを調べることができるようになる[注11]. 図 9.15 の装置から出る X 線のスペクトルは図 9.18 のようになることがわかった. 特定の波長の強い X 線を**特性（固有）X 線**といい, この波長は陽極物質で決まる. 特性 X 線を除くなめらかな曲線で示される部分を**連続 X 線**という. この連続 X 線は, 陽極に衝突する電子の運動エネルギー eV[注12] の一部が光子のエネルギーに変化すると考えると理解できる. したがって, 光子のエネルギーの最大値は電子を加速する電圧に比例する. 言い換えると, 発生する X 線のもっとも短い波長を $\lambda_{\min}$（その周波数を $\nu_{\max}$）とすると[注13],

$$h\nu_{\max} = eV \quad \Longrightarrow \quad \lambda_{\min} = \frac{hc}{eV} \tag{9.7}$$

となる. このように, 電子のエネルギーを得るために必要な加速電圧で測定すると便利である. そのエネルギーの単位を**電子ボルト**（記号 eV）という.

$$1\ \mathrm{eV} = 電気素量 \times 1\ \mathrm{V} = 1.60 \times 10^{-19}\ \mathrm{J}$$

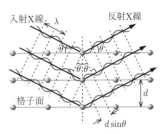

図 9.17 ブラッグ反射.

注11 回折格子によって, 光のスペクトルが得られるのと同じ.

注12 電圧 V で加速されるので.

注13 $\nu\lambda = c$ である.

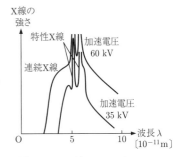

図 9.18 X線のスペクトル.

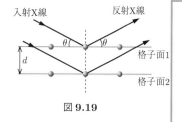

図 **9.19**

例題 **9.5** 図 9.19 のように，波長 λ〔m〕の X 線を，格子面の間隔（格子定数）d〔m〕の原子が規則的に並んでいる結晶にあてると，平行ないくつかの原子面で反射して同じ方向に進むものが互いに干渉する．X 線が格子面に角度 θ で入射している場合について考える．

(1) 格子面 1 で反射した X 線と格子面 2 で反射した X 線の経路差を求めよ．

(2) 格子面 1 と 2 で反射した X 線が強め合う条件を求めよ．

解 (1) 経路差は $2d\sin\theta$ となる．

(2) 経路差が X 線の波長の整数倍となるとき，格子面 1 と 2 で反射した X 線が強め合うことから，条件は以下の通りである．

$$2d\sin\theta = n\lambda \qquad (n = 1, 2, 3, \cdots)$$

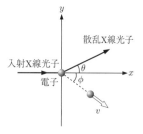

図 **9.20** 電子による X 線光子の散乱．

9.9 コンプトン散乱◇

物質に X 線を照射すると，散乱する X 線の中には入射 X 線より波長が長い X 線が観測されることがある．この現象は，X 線が大きなエネルギーを持った光子の流れであると考え，その光子が金属中の電子と衝突したと考えれば理解できる（図 9.20 参照）．

入射 X 線光子の波長を λ〔m〕，散乱 X 線光子の波長を λ'〔m〕とすると，エネルギー保存則より，

$$\frac{hc}{\lambda} = \frac{hc}{\lambda'} + \frac{1}{2}mv^2 \tag{9.8}$$

となる．ただし，電子の質量を m〔kg〕，衝突後の電子の速度の大きさを v〔m/s〕とする．光子の運動量 p〔kg·m/s〕は

$$p = \frac{h\nu}{c} = \frac{h}{\lambda} \tag{9.9}$$

注 14 光子の運動量は高校の物理の範囲で導くことはできない．

となることがわかっている[注 14]ので，運動量保存則より，

$$x \text{軸}: \quad \frac{h}{\lambda} = \frac{h}{\lambda'}\cos\theta + mv\cos\phi \tag{9.10}$$

$$y \text{軸}: \quad 0 = \frac{h}{\lambda'}\sin\theta - mv\sin\phi \tag{9.11}$$

が得られる．これらから，$\Delta\lambda = \lambda' - \lambda$ について解くと，

$$\Delta\lambda = \frac{h}{mc}(1 - \cos\theta) \tag{9.12}$$

が得られる．計算の詳細は例題 9.6 を参照のこと．

例題 9.6 式 (9.12) を証明せよ．ただし，$\lambda \sim \lambda'$ で，$\dfrac{\lambda'}{\lambda} + \dfrac{\lambda}{\lambda'} = 2$ と近似できることを用いても良い．

解 x 軸方向と y 軸方向の運動量保存の式より，

$$(mv\cos\phi)^2 = \left(\frac{h}{\lambda} - \frac{h}{\lambda'}\cos\theta \right)^2 , (mv\sin\phi)^2 = \left(\frac{h}{\lambda'}\sin\theta \right)^2$$

を得る．この 2 式の和を計算し，$\cos^2\phi + \sin^2\phi = 1$ と $\cos^2\theta + \sin^2\theta = 1$ を用いて整理すると，

$$m^2 v^2 = \frac{h^2}{\lambda^2} + \frac{h^2}{\lambda'^2} - \frac{2h^2}{\lambda\lambda'}\cos\theta$$

となる．エネルギー保存の式を用いて，

$$2mhc\left(\frac{1}{\lambda} - \frac{1}{\lambda'} \right) = \frac{h^2}{\lambda^2} + \frac{h^2}{\lambda'^2} - \frac{2h^2}{\lambda\lambda'}\cos\theta$$

が得られる．これを変形すると，

$$2mhc(\lambda' - \lambda) = h^2 \left(\frac{\lambda'}{\lambda} + \frac{\lambda}{\lambda'} - 2\cos\theta \right)$$

$$\Delta\lambda = \frac{h}{2mc}\left(\frac{\lambda'}{\lambda} + \frac{\lambda}{\lambda'} - 2\cos\theta \right)$$

となり，$\dfrac{\lambda}{\lambda'} + \dfrac{\lambda'}{\lambda} = 2$ と近似できるので

$$\Delta\lambda = \frac{h}{2mc}\left(2 - 2\cos\theta \right) = \frac{h}{mc}\left(1 - \cos\theta \right)$$

となる．

章末問題

以下で，数値計算が必要でない場合は，電子の電荷を $-e$〔C〕，電子の質量を m〔kg〕，光の速さを c〔m/s〕，プランク定数を h〔J·s〕，重力加速度の大きさを g〔m/s²〕とすること．また，数値計算が必要な場合は，$c = 3.0 \times 10^8$ m/s，$h = 6.6 \times 10^{-34}$ J·s とせよ．

問題 9.1$^{\diamondsuit}$　図 9.21 のように，二つの極板 P，Q を平行に置いてそれぞれの極板を電源につなぐ．PQ 間で落下する質量 M〔kg〕の油滴の運動を考える．油滴が落下運動するときにはたらく空気抵抗は速さに比例して，その大きさは kv〔N〕で表されるものとする．ただし，v〔m/s〕は速さである．油滴にはたらく浮力は無視できるものとする．また，重力加速度の大きさを g〔m/s²〕とする．

(1)　落下する油滴は十分に時間が経てば，その速さは一定となる．この速さ v_0〔m/s〕（終端速度）を求めよ．

(2)　今，油滴に電荷 q〔C〕を与えて PQ 間に電圧をかけて一様な電場を作った．電場の大きさ E〔V/m〕を調整し，油滴を静止させた．静止したときの E，q，M の関係を表せ．

(3)　油滴の電荷 q を k〔kg/s〕，v_0〔m/s〕，E を用いて表せ．

(4)　実験を繰り返すことにより，q の値が次のように測定された．

$$8.05,\ 11.25,\ 9.67,\ 4.86,\ 16.02\ \left[\times 10^{-19}\ \text{C}\right]$$

この結果より，電気素量の値 e〔C〕はいくらと推定できるか．

問題 9.2$^{\heartsuit}$　波長 $\lambda = 3.3 \times 10^{-7}$ m の光（光子）が持つエネルギーおよび運動量をそれぞれ計算せよ．

問題 9.3$^{\diamondsuit}$　図 9.22 のように，真空のガラス管に陰極 A と陽極 B があり，陽極 B の中央には一つの小さな穴が開けられている．さらに，長さ l〔m〕の二つの極板 P，Q を間隔 d〔m〕となるように平行に置き，その極板の端から r〔m〕離れた位置に蛍光面 S を極板 P, Q と垂直になるように置く．図 9.22 のように x 軸および y 軸をとる．陰極 A から出た電子は陰極 A と陽極 B の電圧によって加速して，陽極 B を通り抜けるときの速さは v〔m/s〕であったとする．極板 P と Q の間に V〔V〕の電圧を与えたとき，x 軸方向に進む電子の運動を考える．電極 P，Q 間の電場の大きさは一様で，極板の端には電場の乱れはないものとする．

(1)　極板 P，Q 間の電場の大きさを求めよ．

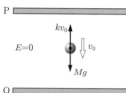

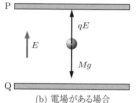

図 9.21　(a) 油滴は一定の速さ v_0〔m/s〕で落ちる．(b) 油滴は静止している．

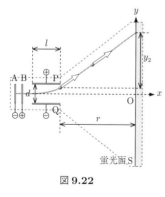

図 9.22

(2) 極板 P，Q 間を通り抜けるのにかかる時間を求めよ．

(3) 極板 P，Q 間から出た直後の電子の速度の y 軸方向の成分 v_y〔m/s〕を求めよ．

(4) 極板 P，Q 間から出た直後の電子の y 軸方向のずれ y_1〔m〕を求めよ．

(5) 極板 P，Q 間を出た直後の電子の速度と x 軸となす角を θ とすると，$\tan\theta$ を求めよ．

(6) 極板 P，Q 間を出てから蛍光面に達するまでの電子の y 軸方向のずれ y_2〔m〕を求めよ．

(7) 比電荷 $\dfrac{e}{m}$ を l，d，v，V，$\tan\theta$ を用いて表せ．

問題 9.4◇　加速電圧 V〔V〕の装置で金属に電子線をあてて X 線を発生させた．図 9.23 は，発生した X 線の波長とその強さの関係を表したグラフである．

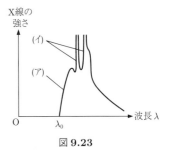

図 9.23

(1) 図の (ア) のような，波長による強度の変化がなめらかな X 線を何というか．

(2) 図の (イ) のような，特定の波長で強い X 線を何というか．

(3) 最短波長 λ_0〔m〕の X 線は，電子の運動エネルギーがすべて X 線のエネルギーに変換されたときに生じる．このことより，最短波長 λ_0 と加速電圧 V の関係を求めよ．

問題 9.5◇　物質に X 線を照射したところ X 線光子と物質中の電子が衝突して，図 9.24 のように電子は X 線の入射方向に，X 線光子は入射方向と同一直線上の逆向きに散乱された．入射 X 線の波長を λ〔m〕，散乱 X 線の波長を λ'〔m〕，電子の衝突後の速さを v〔m/s〕とする．

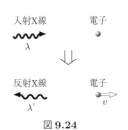

図 9.24

(1) この散乱についてのエネルギー保存則の式を書け．

(2) この散乱についての運動量保存則の式を書け．

(3) 波長の変化が十分に小さいときの X 線の波長のずれ $\Delta\lambda = \lambda' - \lambda$ は，

$$\Delta\lambda = \frac{2h}{mc}$$

となることを示せ．ただし，波長の変化が十分に小さいものとして $(\Delta\lambda)^2 = 0$ とする．

問題 9.6♡　次の文中の 	□ に適する語または式を入れよ．

金属の表面に光をあてると電子が飛び出す．この現象を [(1)] といい，飛び出した電子を [(2)] という．この飛び出す電子の運動エネルギーの最大値は光の強さ（明るさ）には無関係で，光の [(3)] にだけ関係する．これは光をその [(3)] に関係するエネルギーを持った粒子であると考えること

によって説明でき，この粒子を $\boxed{(4)}$ と呼ぶ.

　光をあてて金属表面より電子を飛び出させるためには，金属の種類によって決まるある仕事 W が必要となる．この仕事 W を $\boxed{(5)}$ という． $\boxed{(4)}$ が持つ運動エネルギーを E とすると， $\boxed{(6)（E と W の関係式）}$ の条件を満足すれば電子が飛び出し，飛び出した電子の中の運動エネルギーの最大値は $\boxed{(7)}$ となる.

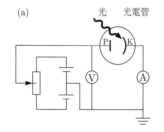

(a) 光　光電管

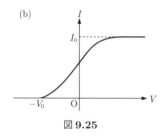

(b)

図 **9.25**

問題 9.7$^{\heartsuit}$　光電効果を調べるために，図 9.25 (a) のような光電管を用いた回路を作り，ある振動数 ν の光を一定強度で陰極 K に当てた．このときの，光電管の陰極 K に対する陽極 P の電位を V，光電流の大きさを I とすると，V と I の関係は図 9.25 (b) のようになった.

(1)　陰極 K より電子を放出させるために必要な仕事の最小値（仕事関数）W を求めよ．ここで，プランク定数を h，電子の電荷を $-e$ とせよ.

(2)　陰極 K に照射する光の振動数は変えずに強度を半分にした．このときの V と I の関係を図 9.25 (b) に書け.

走査型トンネル顕微鏡

　筆者がまだ大学生のころ，サイエンティフィック・アメリカン誌に載った「原子を見る」ことができる顕微鏡が発明されたという記事にびっくりした記憶があります．この顕微鏡を，走査型トンネル顕微鏡といいます．その原理について簡単に説明しましょう[1]．

　原理は簡単です．目の不自由な人がモノの形を手探りで理解するのと同じです．図9.26 を見てください．探針を調べたいモノの表面に近づけます．どれぐらい近づいているかは，探針とモノの間に電圧をかけておいてそれによって流れる電流から判断します[注15]．この電流はトンネル電流といって，本来ならば流れることができないのに，量子力学的な効果のために流れることができるようになったものです．このトンネル電流はモノの表面と探針の距離が近いと大きく，遠いと小さくなるので，この電流を測定することによって，探針の高さの情報が得られます．探針の位置は，ピエゾ素子と言って，誘電体に電圧を加えると誘電体がわずかに歪むことを応用して制御します．歪みの大きさは与える電圧に比例しますので[注16]，与える電圧によって，探針がどこにあるかがわかります．

　このようにして，モノの表面に平行な方向の位置情報は探針を操作するために与える電圧から，また，垂直方向の位置情報はトンネル電流の大きさから得ることができます．これらをコンピュータを使って 3 次元的な図として描くと，原子の凹凸に応じた[注17]表面の構造を測定できることになります．

　図9.27 は筆者が JRCAT[2] に所属していたときに開発した，極低温走査型トンネル顕微鏡[3] を用いて測定したシリコンの表面の画像です．シリコン原子が規則的に配列していることに対応した，周期的な構造を見ることができます．図9.28 は，筆者の勤務校にある nanosurf 社[4] の EasyScan 走査型トンネル顕微鏡によって得られたグラファイトの表面像です．熱収縮・膨張のために多少歪んで見えていますが，試料を選べば常温常圧の環境で原子を「見る」ことができます．

参照文献

[1]　https://www.jstage.jst.go.jp/article/butsuri1946/42/11/42_11_961/_article/-char/ja/ に走査型トンネル顕微鏡の発明に対してローラとビーニッヒに対してノーベル賞が与えられた際に掲載された物理学会誌の記事があります．

[2]　市川 昌和（著），田中 一宜（監修），「アトムテクノロジーへの挑戦 1」，日経BP 社 (2001)，ISBN-10: 4822205800.

[3]　天草 貴昭，近藤 康，"極低温走査型トンネル顕微鏡"，表面科学 第 21 巻，No. 10，pp. 673-677, 2000 年，近藤康，徳本洋志，"極低温 STM 関連技術と今後の展望"，応用物理 第 69 巻 第 5 号 pp. 575-578，2000 年．

[4]　https://www.nanosurf.com/

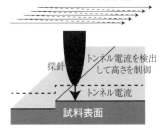

図 9.26　トンネル電流（表面からの距離）を一定に保つように，短針と表面の距離を制御しながら短針を動かすと，表面の 3 次元的な情報が得られます．表面に他と電気的に異なった部分があると検出することも可能です．

注15　電流を流すことができない試料を調べるときには，力などの別の物理量を測定する「走査型プローブ顕微鏡」もあります．

注16　与える電圧が小さければ，誘電体の歪みと与える電圧は比例します．

注17　正確には表面の電子の分布で，その電子の分布は原子の分布を反映しています．

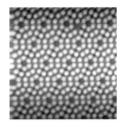

図 9.27　シリコン表面．

図 9.28　グラファイト表面．

10 原子と原子核

原子の構造，原子核の構成やその性質について学ぶ．また，素粒子や宇宙に関しては，知識として知っておいた方が良いことをまとめてある．

電子 Z 個

図 10.1 J. J. トムソンの原子模型．正の電荷は原子中に一様に分布している．

電子 Z 個

図 10.2 長岡の原子模型．正の電荷をもった中心があり，その周囲を電子がまわる．

注1 ラザフォードが実験したとき，α 線がヘリウムの原子核であることはわかっていなかったはずである．

10.1 原子の構造 ♡ ————————————●

物質から電子が飛び出してくるのに，原子からなる物質は電気的に中性である．したがって，原子中には正の電荷が存在することがわかる．しかしながら，原子中に正の電荷がどのように分布しているか？ すなわち原子の構造は，20 世紀の初頭までわかっていなかった．当時は，図 10.1 と 10.2 に代表される様々な模型が提案されていた．

ラザフォードは，α 線を金箔にあてる図 10.3 のような実験を行った．ほとんどの α 線は金箔を素通りするが，ときどき進行方向が大きく曲げられる α 線があった． α 線の電荷と質量の比は， 電子の比電荷の約 1/4000 倍なので，その質量は電子よりも遙かに大きい [注1]．電子との衝突では α 線の進行方向を変えることはできないはずである．したがって，大きく曲げられるのは正の電荷の影響であり，その質量は α 線と同程度でなければならない．そのような大きな質量を持つためには，原子の質量のほとんどが小さな領域に集中していなければならない．その部分は **原子核** と名付けられた．

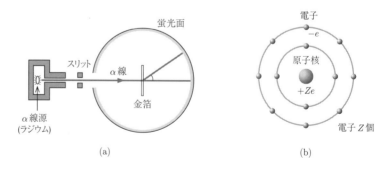

図 10.3 (a) 金箔による α 線の散乱実験と (b) ラザフォードの原子核模型．

原子番号 Z の原子には，電気素量の Z 倍の正電荷を持つ原子核があり，そのまわりを Z 個の電子が静電気力を向心力としてまわっているというラ

ザフォードの**原子模型**が提唱された.

10.2　ラザフォードの原子模型の問題 ♡

　マクスウェルの方程式によれば，電子が原子核のまわりを回転運動すると電磁波を放出してエネルギーを失い，電子の円運動の半径がだんだん小さくなってしまう.言い換えると，原子は安定に存在できないことになってしまい，実験事実に合わない.

　また，この電子が放出する電磁波は回転半径に依存し連続的に変化するはずであり，観測されている水素原子のスペクトルが飛び飛びの値しかとらないこと（**線スペクトル**）を説明することができない.

　水素原子の線スペクトルは

$$\frac{1}{\lambda} = R\left(\frac{1}{n'^2} - \frac{1}{n^2}\right) \tag{10.1}$$

と表される.$R = 1.097 \times 10^7$ m^{-1} で，**リュードベリ定数**と呼ばれる.$n' = 1, 2, 3$ の場合のスペクトルをそれぞれ**ライマン系列**，**バルマー系列**，**パッシェン系列**という.

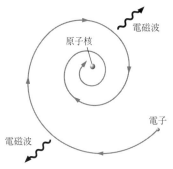

図10.4　ラザフォードの原子模型の問題.

10.3　ボーアの原子模型 ◇

ボーアは以下の仮説を提案した.

1. **ボーアの量子条件**.

　　電子は次の条件を満たす原子核を中心とする等速円運動をしている.

$$mvr = n\frac{h}{2\pi} \tag{10.2}$$

ここで，m〔kg〕，v〔m/s〕，r〔m〕，n は電子の質量，速さ，円軌道の半径，正の整数である.n を**量子数**といい，この条件を満たす電子の状態を**定常状態**という.定常状態にある電子は電磁波を放射しない.定常状態における電子のエネルギーを**エネルギー準位**という.

2. **ボーアの振動数条件**

　　原子内の電子はエネルギー E〔J〕の定常状態から別のエネルギー E'〔J〕の定常状態に移るときに，光子としてエネルギーを放出 $(E > E')$ したり，光子（エネルギー）を吸収 $(E < E')$ する.その光子のエネルギーは以下の式で与えられる.

$$h\nu = E - E' \tag{10.3}$$

この原子模型を**ボーアの原子模型**という.この提案に従えば，以下のようにラザフォードの原子模型の困難を回避して，水素原子の発光スペクトルを説

明することができる.

　質量 m, 電気量 $-e$〔C〕の電子が原子核のまわりを速さ v, 半径 r の等速円運動を行っているものとする. 電子に固定した座標系では, 遠心力と静電気力がつり合っている. すなわち,

$$m\frac{v^2}{r} = k_0\frac{e^2}{r^2} \tag{10.4}$$

である. ボーアの量子条件 (10.2) を用いて, v を消去すると,

$$r = \frac{h^2}{4\pi^2 k_0 m e^2}n^2 \tag{10.5}$$

となる. $n = 1$ のとき, r は最小となり, それを**ボーア半径**（記号 a_0）と呼ぶことにする[注2]. 式 (10.5) に $n = 1$ を代入すると,

注2　電子の軌道半径は飛び飛びの値になる.

$$a_0 = \frac{h^2}{4\pi^2 k_0 m e^2} \tag{10.6}$$

である. 原子の大きさの程度は $2a_0 \sim 1.0 \times 10^{-10}$ m となり, 妥当である. 電子の力学的エネルギー E〔J〕は運動エネルギーと位置エネルギーの和であるから,

$$E = \frac{1}{2}mv^2 - k_0\frac{e^2}{r} = -k_0\frac{e^2}{2r} \tag{10.7}$$

となる. 式変形には力のつり合いの式 (10.4) を用いた. r に式 (10.5) を代入すると,

$$E_n = -\frac{k_0 e^2}{2a_0}\frac{1}{n^2} = -\frac{2\pi^2 k_0{}^2 m e^4}{h^2}\frac{1}{n^2} \tag{10.8}$$

が得られる. $n = 1$ のときにもっともエネルギーは低く, 電子は**基底状態**にあるという. また, $n \neq 1$ の状態を**励起状態**という.

　次にボーアの振動数条件を用いて, 放出・吸収される光子のエネルギーを計算すると,

$$h\nu = E_n - E_{n'} \tag{10.9}$$

である. したがって, この光子の波長 λ〔m〕は

$$\frac{1}{\lambda} = \frac{k_0 e^2}{2a_0 hc}\left(\frac{1}{n'^2} - \frac{1}{n^2}\right) = \frac{2\pi^2 k_0{}^2 m e^4}{h^3 c}\left(\frac{1}{n'^2} - \frac{1}{n^2}\right) \tag{10.10}$$

となり, 式 (10.1) を再現することができる. また, $\dfrac{2\pi^2 k_0{}^2 m e^4}{h^3 c}$ は実際に測定されたリュードベリ定数 R〔m^{-1}〕の値を良く再現できる.

　水素以外の原子の場合は, 電子が 2 個以上ありエネルギー準位を与える式はより複雑である. しかしながら, 定常状態や励起状態があり, 状態が変化する際に光子の吸収や放射が行われることは同じであり, 原子に特有のスペクトルを持つことも同じである. したがって, 原子の放出・吸収する光のスペクトルから原子を特定することができる.

例題 **10.1**　水素原子において，電子が原子核と無限に離れている状態のエネルギーを 0 eV とすると，電子の基底状態でのエネルギーは −13.6 eV である．水素原子内の電子が量子数 $n = 2$ の状態から $n = 1$ の状態へ移るとき，放出される光子のエネルギーを求めよ．

解　基底状態 $(n = 1)$ でのエネルギーが −13.6 eV なので，量子数 n の水素原子のエネルギー準位は

$$E_n = -\frac{13.6}{n^2} \text{ eV}$$

となる．よって，$n = 2$ の軌道から $n = 1$ の軌道へ移るときに放出される光子のエネルギー $h\nu$ は

$$h\nu = E_2 - E_1 = \left(-\frac{13.6}{2^2} \text{ eV}\right) - \left(-\frac{13.6}{1^2} \text{ eV}\right) = 10.2 \text{ eV}$$

となる．

図 10.5　軌道上に $n = 4$ の定常波ができた状態．

10.4　ボーアの量子条件の解釈◇

　ボーアの量子条件は，電子のド・ブロイ波を用いて図 10.5 と 10.6 のように直感的に解釈することができる．質量 m〔kg〕，速さ v〔m/s〕の電子のド・ブロイ波の波長 λ〔m〕は $\lambda = \dfrac{h}{mv}$ である．電子が安定に半径 r〔m〕の軌道に存在するためには，

$$2\pi r = n\lambda = \frac{hn}{mv} \tag{10.11}$$

となる必要があると考えるのは妥当である．すなわち，定常波ができないとド・ブロイ波は干渉してなくなってしまうと考える．式 (10.11) は，ボーアの量子条件に他ならない．

図 10.6　ド・ブロイ波の波長が軌道長の整数分の 1 でなく，定常波ができない状態．

10.5　不連続なエネルギー準位◇

　不連続なエネルギー準位は水銀原子において観測された．図 10.7 のように，わずかな水銀蒸気を入れた容器を作り，電極を封入する．電極 G は金網でできており，電子はすり抜けることが可能である．電極 FG 間には電極 G が正になるように電圧を与え，その電圧によって電子を加速する．一方，GP 間には電極 P がわずかに低くなるように電圧を与える．GP 間の電位差を ΔV〔V〕としよう．電極 G の編み目をすり抜けた電子は，$e \cdot \Delta V$ よりも大きな運動エネルギーを持っていないと，電極 P には到達できない．このようにして，FG 間の電圧を変化させて P に到達する電子の数（P に流れ込む

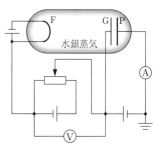

図 10.7　フランク・ヘルツの実験装置の略図．

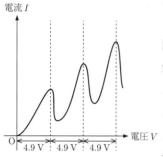

図 10.8 加速電圧と電流の間に不連続な振る舞いが見られる.

電流）を測定すると，図 10.8 のような振る舞いを示した.

FG 間の電場（電圧）で加速された電子は，その運動エネルギーが小さい間は水銀原子の電子を励起することができずエネルギーを失わない. したがって，加速する電圧が十分小さい間は加速する電圧を大きくすればするほど，電極 P に到達する電子は増える. これが，最初の 4.9 V の振る舞いである. ところが，加速電圧が 4.9 V を超えると，水銀原子の電子を励起することができるようになる. その際，電極 F からの電子はエネルギーを失い，電極 GP 間を移動することができなくなり，この電圧で電流は減少する. さらに，電圧を増すと一度エネルギーを失った電子がまた十分加速され，電極 P に到達するようになる. これが次の 4.9 V の間の振る舞いである. 加速電圧が 9.8 V になると，また水銀原子の電子を励起できるようになり，電極 F からの電子はエネルギーを失い，電極 P に到達できなくなる. エネルギーが 4.9 eV の光子が観測されることからも，以上の解釈は正しいと考えられる.

10.6 原子核の構造とその表し方$^\heartsuit$ ————————●

現在，原子の構造は図 10.9 のように中心に陽子と中性子からなる原子核とその周囲に存在する電子（記号 e^-）からできていることがわかっている. 陽子（記号 p）と中性子（記号 n）の質量は電子のおおよそ 1840 倍で，**核子**と総称される. また，原子核が安定に存在するためには，陽子間の反発力に打ち勝って核子を結びつける力が必要である. そのような力を**核力**という.

原子の種類は原子核内の陽子の数によって決まり，その数を**原子番号**という. また，原子核内の陽子と中性子の総数を**質量数**という. これらの数値を図 10.10 のように表記する.

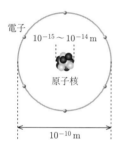

図 10.9 原子の構造. 電子の質量は 9.109×10^{-31} kg, 陽子と中性子の質量はそれぞれ 1.673×10^{-27} kg と 1.675×10^{-27} kg である.

同一の元素でも，質量数が異なる原子核を持つ原子を互いに**同位体（アイソトープ）**であるという. 原子や原子核を原子番号と質量数で分類した場合，**核種**による分類という. たとえば，

$^3_2$He と $^4_2$He は，どちらもヘリウム原子（核）でお互いに同位体であるが，異なった核種である.

という.

図 10.10 原子あるいは原子核の表し方. 原子番号は元素記号（ここでは He）からわかるので，省略することもある.

原子や原子核の質量の単位として，**統一原子質量単位**（記号は u）が用いられる. 1 u は質量数 12 の炭素原子 $^{12}_6$C の質量の $\dfrac{1}{12}$ と定められており，

$$1 \text{ u} = 1.66054 \times 10^{-27} \text{ kg}$$

である. 自然に存在する元素には同位体が含まれていることがあり，各同位体の質量をその存在比に応じて平均した数値を用いて**原子量**を決める[注3].

注 3 原子量は無次元である.

例題 10.2 $^{238}_{92}$U の質量数および原子番号はいくらか. また, 原子核中の陽子の数および中性子の数はいくらか.

解 質量数は 238, 原子番号は 92 となる. また, 陽子の数は原子番号と等しいので 92 個である. したがって, 中性子の数は (質量数) − (陽子の数) = 238 − 92 = 146 個となる.

10.7 原子核の崩壊と放射線♡

原子の中には, 写真フィルムを感光させたり蛍光物質を光らせるものがあることがわかった. これは, ある種の原子からは何かが出ているためだと考えられ, **放射線**と呼ばれる. 放射線を出す性質を**放射能**といい, 放射能を持つ同位体を**放射性同位体 (ラジオアイソトープ)** という. そして, 放射能を持つ核種を**放射性核種**という. 放射線は, 物質を構成する原子から電子を弾き飛ばして, イオンを作る作用 (**電離作用**) があり, そのために放射線は写真フィルムを感光させたり蛍光物質を光らせる.

この放射線は磁場中の振る舞い (図 10.11 参照) とどれぐらい物質を透過する力があるか (図 10.12 参照) によって, 4 種類に分類できる (表 10.1 参照). 現在では, それらの正体も表 10.1 のようにわかっている.

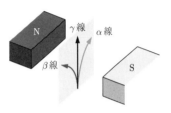

図 **10.11**　放射線の磁場中の振る舞い.

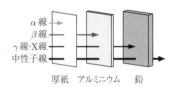

図 **10.12**　透過能の違い.

名前	比電荷	電離作用	透過力	正体
α 線	正, 小	大	小	$^{4}_{2}$He の原子核
β 線	負, 大	中	中	電子
γ 線・X 線	0	小	大	電磁波
(ベリリウム線)	0	小	大	中性子

表 **10.1**　ベリリウム線は α 線をベリリウムなどの軽元素にあてると出る非常に高い透過力を持つ放射線である. 今は中性子線であることがわかっている.

X 線以外の放射線は, 不安定な原子核がより安定な原子核になる過程で, 過剰な粒子 (α, β 線) やエネルギー (γ 線) を放出することによって生じる. このような変化を**放射性崩壊**あるいは単に**崩壊 (壊変)** という.

● α 崩壊

$^{4}_{2}$He の原子核が放出される. **原子番号が 2, 質量数が 4 だけ減少**した原子に変化する.

$$例 : {}^{238}_{92}\text{U} \rightarrow {}^{234}_{90}\text{Th} + {}^{4}_{2}\text{He}$$

- β 崩壊

  中性子が陽子と電子に変化し，電子が放出される．**原子番号が 1 増加し，質量数が同じ**原子に変化する．

  $$例 : {}^{210}_{83}\mathrm{Bi} \to {}^{210}_{84}\mathrm{Po} + \mathrm{e}^-$$

- γ 崩壊

  過剰なエネルギーが電磁波として放出される．**原子番号と質量数の変化はない**．

不安定な原子核が安定な原子核になるまでに，多数の放射性崩壊を繰り返すことがある．このような放射性崩壊における核種の系列を**崩壊系列**という．崩壊系列は 4 種類知られていて，トリウム ${}^{232}_{90}\mathrm{Th}$ から始まるトリウム系列，ネプツニウム ${}^{237}_{93}\mathrm{Np}$ から始まるネプツニウム系列，ウラン ${}^{238}_{92}\mathrm{U}$ から始まるウラン系列，ウラン ${}^{235}_{93}\mathrm{U}$ から始まるアクチニウム系列がある．

原子核の崩壊は，どの原子核が崩壊するかは前もってわからない．ある一定の時間内に多数の原子核の内，確率的にいくつかの原子核が崩壊するということしかわからない[注4]．まだ崩壊していない原子核の数が最初の原子核の数の半分になるまでの時間を**半減期**という．最初の数を N_0，半減期を T〔s〕とすると，時間 t 後の崩壊していない原子核の数 N は，

$$N = N_0 \left(\frac{1}{2}\right)^{t/T} \tag{10.12}$$

であらわすことができる．この半減期は放射性核種によって決まっており，1 秒以下の短いものから，何億年もの長いものまである．

注4 $\dfrac{dN}{dt} = -\Gamma N$ と式であらわすことができる．ここで，Γ は単位時間に崩壊する原子核の割合である．

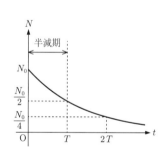

図 10.13 崩壊していない原子核の数の割合．

例題 10.3 ☐ に適当なものを入れよ．

原子核が α 崩壊をすると，☐(1)☐ が放出されて，質量数は ☐(2)☐，原子番号は ☐(3)☐．また，原子核が β 崩壊すると，☐(4)☐ が放出されて，質量数は ☐(5)☐ が，原子番号は ☐(6)☐．

解 (1) α 線（${}^4_2\mathrm{He}$ の原子核），(2) 4 減り，(3) 2 減る，
(4) β 線（電子），(5) 変化しない，(6) 1 増える．

10.8   核反応とエネルギー ♡ ────────────────●

日常では，

様々な現象の前後で質量の総量は変化しない

という**質量保存の法則**[注5] が成り立つが，素粒子の世界では成立しない．例

注5 以下のことより，日常の質量保存の法則は近似的に成り立っているだけであることがわかる．

えば，${}_2^4$He 原子核の質量は 2 個の陽子と 2 個の中性子の質量の和よりも小さい．

ある原子核の原子番号を Z，質量数を A，質量を M としたとき，

$$\Delta M = Z\,m_{\rm p} + (A - Z)\,m_{\rm n} - M \tag{10.13}$$

を**質量欠損**という．ここで，$m_{\rm p}$ と $m_{\rm n}$ は，それぞれ陽子と中性子の質量である．

アインシュタインの相対性理論によれば，質量とエネルギーは

$$E = mc^2 \tag{10.14}$$

によって，関係づけられ等価である．したがって，質量欠損は核子をバラバラにしたときのエネルギーの総和が結合して原子核を構成したときのエネルギーより高いことを示している．その差は ΔMc^2 で表され，**結合エネルギー**とよばれる．核子 1 個あたりの結合エネルギーが大きいほど，核子どうしが強く結合していることを意味している（図 10.14 参照）．

注 6　正の電荷を持った原子核が衝突するためには，衝突する原子核の相対速度は大きくないといけない．

注 7　現代の錬金術である．

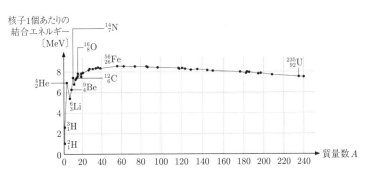

図 10.14　核子 1 個あたりの結合エネルギー．

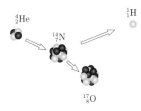

図 10.15　核反応の例

原子核どうしが衝突したとき [注6]，核子の組み替えが起こり核種が変化することがある（図 10.15 参照）．このような現象を**核反応**という．また，そのような反応を表す以下のような式を**核反応式**という．

$$ {}_7^{14}{\rm N} + {}_2^4{\rm He} \rightarrow {}_8^{17}{\rm O} + {}_1^1{\rm H} \tag{10.15}$$

この核反応は，人類が初めて観測した原子核の変換である [注7]．陽子 p や中性子 n が核反応に関与するときは，${}_1^1{\rm p}$（あるいは ${}_1^1{\rm H}$）や ${}_0^1{\rm n}$ と表されることがある．核反応によって核子の組み替えが起こると，核反応の前後で結合エネルギーの総和が変化する．反応後に結合エネルギーの総和が小さくなれば，その分のエネルギーを供給しなければ反応は起こらない．一方，反応後に結合エネルギーが増加すれば，反応が起こるとエネルギーを放出する．このような核反応に伴って出入りするエネルギーを**核エネルギー**という．原子力発電所は，この核エネルギーを電気に変換する施設である．

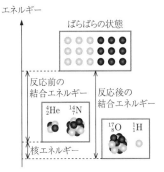

図 10.16　核エネルギーの計算方法．

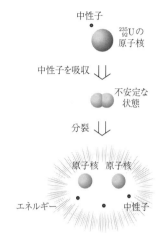

図 10.17 核分裂反応.

注 8 分裂してできた核子の運動エネルギーになる.

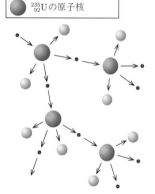

図 10.18 核分裂の連鎖反応.

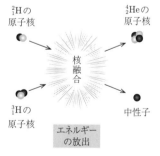

図 10.19 核融合反応.

注 9 e^+ は陽電子. ν_e は電子ニュートリノという素粒子である. 次節を参照.

10.9 核分裂と核融合 ♡

ウラン $^{235}_{92}$U やプルトニウム $^{239}_{94}$Pu は中性子を吸収すると不安定になり,質量数が 100 前後の 2 個の原子核に分裂する. このように,1 つの原子核が複数の原子核に分裂する核反応を**核分裂**という. 上記の核分裂の場合には,図 10.14 からわかるように,分裂後の結合エネルギーの総和は増加する. そのために,核エネルギーが放出される[注8]. また,同時に γ 線や中性子も放出される.

核分裂で生じた中性子がさらに別のウラン $^{235}_{92}$U やプルトニウム $^{239}_{94}$Pu に吸収されるならば,核分裂が連続して起こることになる. これを核分裂の**連鎖反応**という. この連鎖反応が継続するぎりぎりの状態を**臨界**という. 一定量以上のウラン $^{235}_{92}$U やプルトニウム $^{239}_{94}$Pu を狭い場所に詰め込むと,臨界に達して連鎖反応が起こる. その詰め込み方に応じて,毎秒起こる核分裂の回数は変化する. 原子炉の場合は,この毎秒起こる核分裂の回数を制御するメカニズムが備えられている.

核分裂とは異なって,質量数の小さな原子核が結合しても,全体の質量(エネルギー)が減少し,エネルギーを放出することがある. このような反応を**核融合**という. 核融合の例として,

$$^2_1\text{H} + ^2_1\text{H} \rightarrow ^3_2\text{He} + ^1_0\text{n} \tag{10.16}$$

$$^2_1\text{H} + ^3_1\text{H} \rightarrow ^4_2\text{He} + ^1_0\text{n} \tag{10.17}$$

がある. 核分裂の場合には電気的に中性な中性子が原子核に衝突すれば良かった. 核融合の場合は,正の電荷をもった原子核どうしが衝突しなければならないので,核融合反応が起こるためには太陽の内部のような高温・高圧の条件が必要である. 研究は進められているが,その困難さのためにまだ核融合を制御してエネルギーを取り出すことは実用化されていない. 太陽内部での核融合反応をまとめると以下の通りである[注9].

$$4^1_1\text{H} \rightarrow ^4_2\text{He} + 2\text{e}^+ + 2\nu_e \tag{10.18}$$

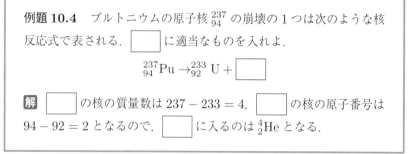

例題 10.4 プルトニウムの原子核 $^{237}_{94}$ の崩壊の 1 つは次のような核反応式で表される. ☐ に適当なものを入れよ.

$$^{237}_{94}\text{Pu} \rightarrow ^{233}_{92}\text{U} + \boxed{}$$

解 ☐ の核の質量数は $237 - 233 = 4$,☐ の核の原子番号は $94 - 92 = 2$ となるので,☐ に入るのは ^4_2He となる.

10.10 素粒子◇ ————————————●

ドルトンは物質を構成する最小単位は原子であるという原子説を提唱した．やがて，原子は電子と原子核から構成されており，さらに原子核は陽子と中性子からできていることがわかってきた．今では，陽子や中性子はクォークと呼ばれる粒子からなる複合粒子であることがわかっている（図10.20）．しかしながら，クォークを単体で取り出すことはできないので，陽子や中性子も**素粒子**と呼ばれている．

ディラックは1928年に質量と電荷の大きさは電子と等しいが，正の電荷を持つ粒子を理論的に予言した．その粒子は1932年に確認され**陽電子**と呼ばれている．今では，素粒子には対応した**反粒子**が存在することがわかっている．

1934年に湯川秀樹は核力を媒介する粒子の存在を予言した．彼は，核力の到達範囲から，その質量は陽子と電子の中間であることを推定した．この粒子は1947年に発見され，π中間子と名付けられた．また，1937年には，やはり陽子と電子の間の質量を持つμ粒子も発見されている．

ニュートリノは，パウリがβ崩壊の際のエネルギー保存を破らないようにするために，導入した素粒子である．ニュートリノは他の素粒子とほとんど反応せず，長い間その存在を実験的に確認することはできなかったが，1956年に原子炉からのニュートリノの検出が行われた．今では，大量の水を通過した際に発する微弱な光を観測することによって，ニュートリノの検出が行われている．このような検出器による実験が，2015年までに日本に二つのノーベル賞[注10]をもたらした．

素粒子は，陽子や中性子のように核力のような「強い力」がはたらく**ハドロン**と，はたらかない電子などの**レプトン**に分類される．さらに，ハドロンは陽子などの**バリオン（重粒子）**と**メソン（中間子）**に分類される．素粒子[注11]といわれながらも多種類[注12]のハドロンが存在しているのは，おかしいのではないか？　ハドロンは，実は**クォーク**の複合粒子なのではないかという考えが1960年代に提案された．今では理論的に予言された6種類[注13]のクォークも検証され，多種類あるハドロンを統一的に理解することができるようになった．

レプトンも6種類あり，これらも基本的な「素粒子」と考えられている．すなわち，レプトンはより基本的な粒子の複合体ではないと考えられている．

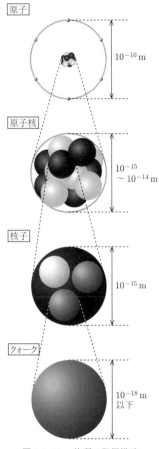

図10.20　物質の階層構造

注10　2002年に小柴，2015年に梶田が受賞．

注11　「素粒子」とは基本（素）となる粒子という意味である．

注12　加速器を使った実験によって，数百種類のハドロンが発見されている．

注13　小林と益川によって予言され，両氏の2008年のノーベル賞の受賞につながった．

10.11 基本的な 4 つの力と宇宙◇ ━━━━━━━━━━━━━━●

　素粒子の間にはたらく基本的な力は，**重力**，**電磁気力**，**弱い力**，**強い力**の 4 種類である．その性質を表 10.2 にまとめた．力を媒介する粒子はゲージ粒子と呼ばれていて，素粒子と考えられている[14,15]．

注14　グラビトンは検証されていない．

注15　それぞれの力の強さは文献によっては，多少異なっている．しかしながら，以下の点が重要である．(1)「強い力」は，他に比べて圧倒的に強い．(2) 重力は，他に比べて圧倒的に弱い．(3) 電磁気力と「弱い力」は，重力と「強い力」の中間の強さを持つ．(4) 電磁気力の方が「弱い力」より強い．

力の種類	強さ	到達距離	力を媒介する粒子
重力	10^{-39}	長い	グラビトン
電磁気力	10^{-2}	長い	フォトン
弱い力	10^{-5}	10^{-17} m	ウィークボソン
強い力	1（基準）	10^{-15} m	グルーオン

表 10.2　基本的な 4 種類の力

　ハッブルは遠い銀河ほど大きな速度で遠ざかっていて，宇宙は膨張していることを発見した．ガモフは宇宙に膨張が始まった「最初」があったと論じ，**ビッグバン理論**を提唱した．今では，宇宙誕生直後には，急激な膨張（インフレーション）があったと考えられている．宇宙の誕生はおよそ 137 億年前である．

　宇宙の最初期には 4 種類の基本的な力は区別できず，宇宙の膨張が進むにつれて区別できるようになっていったと考えられている．最初に区別できるようになったのは，重力である．次に，強い力が分かれ，最後に弱い力と電磁気力が分かれた．弱い力と電磁気力が分かれたのは，インフレーションによって温度が 10^{15} K まで急速に低下したときで，宇宙の誕生から 10^{-12} s 程度後と考えられている．このときに宇宙に存在するものは，クォーク，レプトン，グルーオン，光子である．その後，温度が下がるにつれてハドロン，次に原子核が形成される．

　電気的に中性な原子ができたのは，宇宙誕生から 38 万年後である．電子のほとんどが原子の一部になって光が直進できるようになったので，宇宙の晴れ上がりとよばれる．現在の宇宙もこの時期の光子で満たされており，宇宙マイクロ波背景放射として観測されている．最初の恒星が誕生したのは，およそ 3 億年後である．

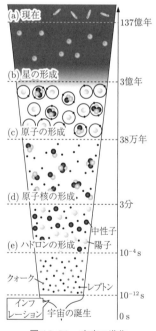

図 10.21　宇宙の進化

章末問題

以下で，数値計算が必要でない場合は，電子の電荷を $-e$ 〔C〕，電子の質量を m 〔kg〕，クーロンの法則の比例定数を k_0 〔N·m²/C²〕，光の速さを c 〔m/s〕，プランク定数を h 〔J·s〕，重力加速度の大きさを g 〔m/s²〕とすること．また，数値計算が必要な場合は，$c = 3.0 \times 10^8$ m/s，$h = 6.6 \times 10^{-34}$ J·s とせよ．

問題 10.1♡   水素原子内の電子が量子数 n の状態から n' の状態へ移るときに放出される光子の波長 λ 〔m〕は

$$\frac{1}{\lambda} = R\left(\frac{1}{n'^2} - \frac{1}{n^2}\right)$$

で与えられる．

(1) 水素原子内の電子が $n = 2$ から $n = 1$ へ移るとき，放出される光子の波長を求めよ．

(2) (1) の光子の振動数を求めよ．

(3) (1) の光子のエネルギーを求めよ．

問題 10.2◇   次の ☐ に適当な式または語句を入れよ．

水素原子は，質量 M 〔kg〕，電荷 $+e$ 〔C〕の原子核と，質量 m 〔kg〕，電荷 $-e$ 〔C〕の電子をそれぞれ 1 個ずつ持つ．この電子が原子核を中心とする半径 r 〔m〕の軌道上を速さ v 〔m/s〕で等速円運動しているとすると，向心力の大きさは (1) となり，これは電子と原子核の間にはたらく大きさ (2) の電気力で与えられる．

この電子の円軌道は，円軌道の円周が電子波の波長の整数倍となるときのみ許されるとする．この条件を量子条件といい，$2\pi r =$ (3) $\times n$，ただし $n = 1, 2, 3, \cdots$ と表される．よって，電子の軌道の半径は $r =$ (4) $\times n^2$ のように飛び飛びの値となる．

電子の位置エネルギー $-k_0 \dfrac{e^2}{r}$ 〔J〕と運動エネルギー $\dfrac{1}{2}mv^2$ 〔J〕の和 E_n 〔J〕は

$$E_n = \boxed{(5)} \times \frac{1}{n^2} \ (n = 1, 2, 3, \cdots)$$

となる．この n を (6) ，飛び飛びのエネルギー E_n を (7) という．

問題 10.3♡   炭素原子 $^{12}_{6}\mathrm{C}$ の 1 mol の質量は 12.0 g である．このことより，1u は何 kg であるか，有効数字 3 桁まで求めよ．なお，アボガドロ定数を 6.02×10^{23} mol⁻¹ として計算せよ．

問題 10.4$^{\heartsuit}$　放射性ナトリウム $^{24}_{11}\mathrm{Na}$ の半減期は 15 時間である.

(1)　60 時間たつと $^{24}_{11}\mathrm{Na}$ の原子核の個数は元の何分の 1 になるか.

(2)　$^{24}_{11}\mathrm{Na}$ の原子核の個数が $\dfrac{1}{128}$ になるのは何時間後か.

問題 10.5$^{\heartsuit}$　重水素核は陽子 1 個と中性子 1 個からできている. 重水素核の結合エネルギーを求めよ. ここで, 重水素核の原子核の質量を 3.3437×10^{-27} kg, 陽子の質量を 1.6727×10^{-27} kg, 中性子の質量を 1.6750×10^{-27} kg とする.

問題 10.6$^{\heartsuit}$　次の核反応式の $\boxed{}$ を埋めよ.

(1)　$^{14}_{7}\mathrm{N} + \boxed{(1)} \rightarrow {}^{17}_{8}\mathrm{O} + {}^{1}_{1}\mathrm{H}$

(2)　$^{9}_{4}\mathrm{Be} + {}^{4}_{2}\mathrm{He} \rightarrow \boxed{(2)} + {}^{1}_{0}\mathrm{n}$

(3)　$^{27}_{13}\mathrm{Al} + {}^{4}_{2}\mathrm{He} \rightarrow {}^{30}_{15}\mathrm{P} + \boxed{(3)}$

問題 10.7$^{\heartsuit}$　ウランの同位体である $^{235}_{92}\mathrm{U}$ に中性子 $^{1}_{0}\mathrm{n}$ を衝突させると, 同じぐらいの大きさの 2 個の原子核に分裂する. この現象を核分裂という.

今, 次の核分裂反応について考える.

$$^{235}_{92}\mathrm{U} + {}^{1}_{0}\mathrm{n} \rightarrow {}^{141}_{56}\mathrm{Ba} + {}^{92}_{36}\mathrm{Kr} + \boxed{}$$

なお, それぞれの質量は, $^{1}_{0}\mathrm{n}$: 1.0087 u, $^{235}_{92}\mathrm{U}$: 235.0439 u, $^{141}_{56}\mathrm{Ba}$: 140.9139 u, $^{92}_{36}\mathrm{Kr}$: 91.8973 u である. ただし, 1 原子質量単位 $1\ \mathrm{u} = 1.66 \times 10^{-27}$ kg とする.

(1)　反応式中の $\boxed{}$ に適当なものを入れよ.

(2)　この核反応における質量欠損を求めよ.

(3)　この反応が起こったときに発生するエネルギーを求めよ.

問題 10.8$^{\heartsuit}$　太陽の中心部付近では次のような核融合反応が起こっていると考えられている.

$$4\,{}^{1}_{1}\mathrm{H} \rightarrow {}^{4}_{2}\mathrm{He} + 2e^{+} + 2\nu_{e}$$

今, 1.0 kg の $^{1}_{1}\mathrm{H}$ がすべて $^{4}_{2}\mathrm{He}$ に変わったとする. このときに放出されるエネルギーを求めよ. なお, それぞれの質量は, $^{1}_{1}\mathrm{H}$: 1.0073 u, $^{4}_{2}\mathrm{He}$: 4.0015 u, e^{+} : 0.0005 u, 1 原子質量単位 $1\ \mathrm{u} = 1.66 \times 10^{-27}$ kg とせよ. ただし, ν_{e} の質量は無視してもよい.

━━━━━━━ 中性子星上の生命 ━━━━━━━

　中性子星といって，ほとんど中性子だけでできている星が存在します．その質量は太陽と同程度なのに，直径は 20 km ほどしかなく，非常に高密度な星です．その密度は 10^{12} kg/cm^3 にもなります．その密度から，中性子星は巨大な原子核のようなものと考えることもできます．また，表面重力は地球の 10^{11} 倍程度あり，単純に計算すると第二宇宙速度は光速の 1/3 程度にもなります．中性子星は超新星爆発の際に星の中心核が圧縮されてできます．圧縮前の角運動量を保存するために，非常に高速に回転するものがあります．そのため，非常に周期的な電波を発するものもあり，パルサーと呼ばれています．その電波は宇宙人が発したものではないかと考えられたこともありました．

　力学の教科書では，R. L. フォワードの考えた（夢想した？）恒星間宇宙船を紹介しました．ここでは，彼の考えた中性子星上の生命[注16]について紹介しましょう[1,2]．

注 16　生命とはどのようなものか？　という問題提起をしないとこの SF の面白さはわからないと思います．

> 　　　生命とは，自己複製するもの

と考える人がいるかもしれません．では，ウイルスはどうでしょう？　ウイルスは宿主の助けを借りて自己複製しますが，結晶にすることもできます．ウイルスは生命とはいいがたいのではないでしょうか？　筆者が妥当だと考えている生命の定義は，

> 　　　生命とは，外部からエネルギーを摂取して，増大し続けるエントロ
> 　　　ピーを外部に捨て続けることによって[注17]，秩序（生命としての活動）
> 　　　を維持するもの

注 17　エントロピーを捨てるためにはエネルギーが必要です．

です．

　さて，人間を含む地球上のすべての生命はこのエネルギーとして化学エネルギーを使用します．化学エネルギーの本質は原子間の電子の授受（化学反応）に伴うエネルギーで，その大きさはおおよそ数 eV です．では，もっと大きなエネルギーはないでしょうか？　また，その大きなエネルギーを使った生命体を考えることはできないでしょうか？　答えは，本章で解説した核反応に伴うエネルギーによって生命活動を行う生命体，チーラ，です．反応に伴うエネルギーが大きいほど反応は速く進みます．核反応のエネルギーの大きさの程度は数 MeV ですので，化学反応の数 eV と比べると 10^6 倍速く進んでもおかしくないことになります．すなわち，チーラは人間に比べて，100 万倍の速さで生きる生命体ということになります．

　「竜の卵」[1] は，中性子星上でのチーラの進化（歴史）を中性子星の衛星軌道上にいる人間が目撃するという物語です．フォワードは人類の最近 2000 年くらいの歴史を元にチーラの歴史を考えているので[注18]，フォワードの人類の歴史に対する思いが推察されて興味深いです．次作の「スタークエイク」[2][注19] では，中性子星での地震（正確には星震）のために，絶滅の危機に瀕したチーラが人類の助けを借りて復興します．

注 18　チーラの歴史は人類の歴史のパロディのようです．

注 19　スター（星）クエイク（震える）です．

　生命活動を維持するエネルギーをどのように得るかという観点ならば，"Camelot 30 K"[3][注20] も面白いです．絶対温度 30 K という低温環境で，化学反応によって生命活動を行う生物が主人公です．その生物は，地球上の生物のような炭水化物の「燃焼[注21]」ではなく，フッ化物の「燃焼」を用います．フッ素と水素はよく似た原子で，水素をフッ素に置き換えることは容易です．また，フッ素化合物は反応性がたかく，30 K でも燃焼するものもあります．もっとも，「核爆発によって，他の天体への遺伝子の拡散を図る」生物というのは，SF といえどもちょっと受け入れがたいですね．

注 20　これも，R. L. フォワードの SF です．

注 21　酸化反応．

参考文献

[1] R. L. フォワード,「竜の卵」, 早川 SF 文庫, ISBN 4150104689.

[2] R. L. フォワード,「スタークエイク」, 早川 SF 文庫, ISBN 4150107130.

[3] R. L. Forward, "Camelot 30 K", Tor Books, ISBN 9780812516470 [注 22].

注 22 訳本はないようです.

最後に

　本書は，姉妹書 [力学編] と相補的な関係にあり，この 2 冊で理工系の大学生が知っておくべき物理学のすべてを[注1]学ぶことができます．いわば，理工系の大学生のための物理学ミニマ（minima）です[注2]．

　著名な実験物理学者で

　　　1 時間くらいなら理論物理学者のふりができる[注3]

と言った人がいます．本書でしっかり勉強すれば，かなり長い時間

　　　理学部で物理学を専攻した

ふりをできると思います．物理学を学ぶことは「考える方法を学ぶ」[注4]ことです．そして，この「考える方法」は，どのような対象に対しても適用できます．ぜひ，しっかりと勉強してください．

　姉妹書 [力学編] と同様に「わかりやすい＝他書を必要とせず，本書（と姉妹書 [力学編]）だけで理解できる」ように構成してあります．また，自習するための本としても活用できるようになっています．ぜひ，意欲のある高校生にも本書を手に取ってもらいたいと思います．

　単位を修得した後でも捨てたりせず，本棚の片隅に（ホコリをかぶった状態で良いので）持っていてください．きっと役に立つことがあるはずです．

　最後に，近畿大学の同僚の増井先生には様々な助言をいただきました．その他，松崎昌之先生，佐藤加奈子先生，船田智史先生，日下部俊夫先生，そして久木田氏からもコメントをいただきました．また，出版に関して学術図書出版社の発田孝夫さん，貝沼稔夫さん，そして杉村美佳さんにご尽力いただきました．感謝いたします．

注1　「浅く」ですけれど...

注2　ミニマム（minimum）（＝物理学の様々な分野で知っておかなければならない）を集めたもの．data と datum の間の関係と同じです．

注3　現在の理論物理学は，物理学というより数学といった方が良い場合が多いです．

注4　人工知能にはまねをすることができない，創造的な（新しいモノをつくることができる）思考ができるようになります．

索　引

著者紹介

近藤 康（こんどう やすし）

京都大学の理学部で博士取得後，フィンランドのヘルシンキ工科大学（現アールト大学），ドイツのバイロイト大学，日本の JRCAT (Joint Research Center for Atom Technology) などで 10 年ほど「博士漂流」。最終的には，近畿大学に職を得た。現在は同大学教授。研究分野も経歴同様，超低温のヘリウム 3 の物性，超流動ヘリウム 3，超低温での磁性，超流動物質探索，走査型トンネル顕微鏡，量子コンピュータを含む量子制御，「家庭用？」NMR 量子コンピュータの開発などと「漂流」している。

新居 毅人（あらい たかひと）

大阪府立大学大学院工学研究科で博士を取得後，9 年間ほどオーバードクターをして（その間，高専やさまざまな大学での非常勤講師をする），近畿大学理工学総合研究所の講師となる。現在は同大学准教授。研究分野は，主に非線形波動。とりわけ，ソリトンの相互作用や安定性についての研究を行う。

表紙画像，カバー画像
from Wikimedia Commons
file: Observable Universe Logarithmic Map (vertical layout english annotations)
   for wikipedia 635 x 2586.png
by Pablo Carlos Budassi, licensed under CC BY-SA 4.0

物理学概論 —高校物理から大学物理への橋渡し—
[熱・波・電磁気・原子編]

2021 年 4 月 30 日	第 1 版 第 1 刷 発行
2023 年 10 月 30 日	第 1 版 第 2 刷 発行

著 者	近 藤　康	
	新 居 毅 人	
発 行 者	発 田 和 子	
発 行 所	株式会社	学術図書出版社

〒113-0033 　　東京都文京区本郷 5 丁目 4 の 6
TEL 03-3811-0889 　　振替 00110-4-28454
印刷 三和印刷（株）